THE HANDY PHYSICS
ANSWER BOOK

机敏问答

用物理
认识世界

[美] P.埃里克·冈德森 著

李哲 刘淑华 译

上海科学技术文献出版社
Shanghai Scientific and Technological Literature Press

图书在版编目（CIP）数据

用物理认识世界／（美）P. 埃里克·冈德森著；李哲，
刘淑华译．—上海：上海科学技术文献出版社，2025.
—（机敏问答）．—ISBN 978-7-5439-9325-9

Ⅰ．O4-49

中国国家版本馆 CIP 数据核字第 202418F5F9 号

责任编辑：张雪儿
封面设计：留白文化

用物理认识世界

YONG WULI RENSHI SHIJIE

[美]P. 埃里克·冈德森　著　李 哲　刘淑华　译
出版发行：上海科学技术文献出版社
地　　址：上海市淮海中路 1329 号 4 楼
邮政编码：200031
经　　销：全国新华书店
印　　刷：商务印书馆上海印刷有限公司
开　　本：787mm×1092mm　1/16
印　　张：16.5
字　　数：290 000
版　　次：2025 年 4 月第 1 版　2025 年 4 月第 1 次印刷
书　　号：ISBN 978-7-5439-9325-9
定　　价：58.00 元
http://www.sstlp.com

前　言

　　物理学家——那些真正优秀的物理学家，比如阿尔伯特·爱因斯坦——以提出简单的问题而闻名于世。爱因斯坦关于光的最初思考是在他 5 岁时产生的。他问道："如果能骑在一束光上，看到的世界将会是什么样的？"爱因斯坦终其一生不断地提出关于宇宙运行的最基本问题并寻求这些问题的答案。哈佛教授谢尔登·格拉肖是一位获得过诺贝尔奖的物理学家，他说物理学家就像孩子。孩子对任何事物都感到好奇，会问许多成年人觉得过于简单的问题。既然科学包括对宇宙基本原则提出疑问，因此物理学家的主要特点就是不断地提出疑问。

　　为什么从帝国大厦上扔下一枚硬币很危险？如何投出曲线球？冰鞋的原理是什么？哪里能形成最大的潮汐？为什么有的物体可以沿某一轨道绕地球旋转？使棒球绕地球旋转，需要多快的速度？流体动力学是什么？冲击波是什么？理论上的最低温度是多少？波的频率、波长和速度之间有什么关系？在二维的屏幕上放映电影，为什么能看出三维的效果？闪电时，为什么汽车往往是最好的躲避地点（提示：这并不是因为汽车有橡胶轮胎）？

　　本书并没有采用与物理相关的数学解释法，而是用日常的语言进行描述。本书的开头介绍了物理学概要，比如"物理学是什么"和"物理学家做什么工作"，然后用一系列与诺贝尔奖相关的问题为读者展现出一些著名物理学家所做出的杰出贡献。接下来，本书介绍了运动，提出了关于速度、重力、动量等方面的问题，比如"潮汐是由什么引起的"以及"在汽车发生碰撞时，安全气囊起到什么作用"。之后是"功、能量和简单机械"一章，介绍了能量守恒定律，斜面、杠杆等简单机械，以及与我们息息相关的能源等。与"静物"一章相关的问题有"为什么橄榄球运动员在阻挡对手，摔跤运动员在发起进攻时要将质心下移""最新型的桥梁是什么样的"。而"为什么对飞机来说，下击暴流是非常危险的"则是"流体"一章中典型的问题。"热和热力学"一章涉及"在炎热的天气中，为什么瓶子外壁会积聚小水滴"和"冰箱是如何制冷的"等问题。在接下来的"波""声和声学"和"光和光学"三章中，将系统介绍物理学中的"波"，包括声波和光波。在"电和电学"一章中，问题会涉及触电和电路等方面。而在"磁和电磁学"这一章中，我们将会讨论磁悬浮、金属探测器和指南针的原理等。"现代物理"一章介绍了物理学领域新的发现和突破，从量子到核反应等任何关于亚原子粒子的最新发现都会在这一章进行阐述。本书的最后一章介绍了阿尔伯特·爱因斯坦和斯蒂芬·霍金等物理学家提出的卓越的、超乎寻常的理论；"深层理论"这一章的问题包括"在中微子的观测方面有哪些重要的突破""科学家认为宇宙最终的归宿是什么"以及关于爱因斯坦时空旅行概念的各种问题。

作为新泽西州希尔斯代尔市帕斯卡克谷中学的物理老师，我深知使物理有趣、令人兴奋并贴近学生的生活是非常重要的。我也试图通过本书实现这一点。无论您是连续地阅读这本书，还是简单地浏览几页，书中的问题和答案都会帮助你用物理学的方法对世界进行思考。或许某天当你在街上散步时，你会突然开始观察你周围所有的物理现象。当你看到正在行驶的汽车时，你可能会感到好奇，"是车在移动，是我在移动，还是汽车和我在做相对的移动？"当发现天空中出现令人讨厌的雷雨云时，你会想"我最好躲进汽车里，因为它起到一个法拉第屏蔽的作用"。或者在一个晴天里，你可能觉得有必要向他人解释为什么天空是蓝色的、云是白色的，为什么彩虹的颜色总是呈现出相同的次序。对于物理爱好者来说，这本书包含了许多知识和信息。

我们应该铭记物理学家说过的一句话："学习物理是其乐无穷的。"

［美］P. 埃里克·冈德森

目录

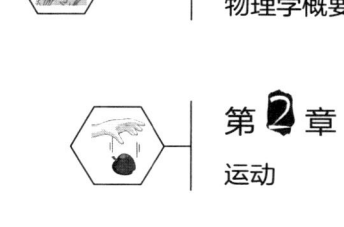
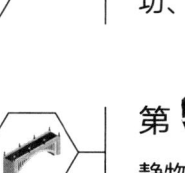
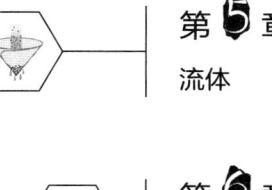
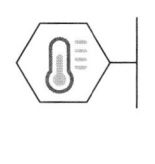

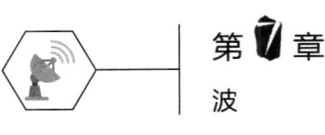
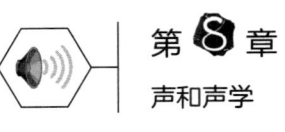
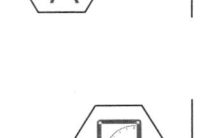
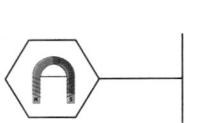
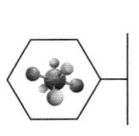
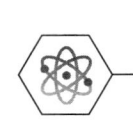

第 1 章
物理学概要

基 础 物 理

物理学是什么?

　　物理学被认为是所有科学的基础。它研究并描述宇宙中所有物体的运动、能量、动量和力。很多科学家认为,要想真正地了解其他自然科学(生物、化学、地质学、天文学等),必须先了解物理学。比如,在生物学中,血液的流动与运动、重力和流体动力学相关,而所有这些都属于物理学的范畴。在天文学中,行星、恒星和星系的运动都依赖万有引力定律。物理学在所有自然科学中都有一席之地,这就可以解释物理学经常被视为基础科学。

物理学有哪些分支?

　　物理直到 19 世纪才被认为是一门独立的学科。在此之前,物理学家被称作"自然哲学家",他们在数学、哲学、生物和化学等领域工作。19 世纪开始,物理从其他学科中分离开,并被证明是一个重要的研究领域。物理学的领域很宽泛,约有 18 个分支,如下表所示:

分 支	主 要 研 究 方 向
力 学	物理学的主要领域。研究物体的力、运动和能量的作用和结果。
热力学	研究热以及热能如何从一种形式转化为另一种形式。
低温学	研究极低温下的物体。
等离子物理学	主要研究高度电离的气体的运动。
固态物理学	研究固体物质的物理属性。
地球物理学	研究地球及其环境。包括地球内部的力和能量以及它们对地球的影响，如地震、火山运动和海洋学。
天体物理学	研究行星和恒星等星体的相互作用。
声 学	研究声以及声的传播。
光 学	研究光以及光的传播。
电磁学	研究电和磁场间的相互作用以及产生磁场的电荷。
流体动力学	研究气体和液体的运动。
数理物理学	用数学方法研究物理、解决物理问题的学科。
统计力学	研究大量粒子集合的宏观运动规律。
高能物理学	研究基础粒子。
原子物理学	使用基础粒子的知识研究独立原子的结构。
分子物理学	将原子物理的知识运用到分子结构的研究中。
核物理学	研究原子核结构、核反应以及核应用。
量子物理学	研究微小的体系和能量的量子化。

科学和技术有什么区别？

人们经常将科学和技术混为一谈。科学是聚集信息，通过实验、观察，对假设进行归纳，并将信息和想法进行分类的过程。而技术是不断满足人们物质需要的一个领域。技术利用科学中的相关信息满足人们不断增长的需要。没有科学，技术便不会存在。许多人认为正是人们对技术不断进步的需要促进了科学的发展。

测　　量

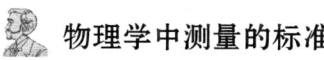 **物理学中测量的标准是什么？**

国际单位制（Système International d'Unités），简称 SI。国际单位制是 1960 年在巴黎召开的第十一届国际计量大会上通过的。基本单位基于米-千克-秒（MKS）体系，这个体系被称为公制。

为什么美国不通用国际单位制？

尽管美国科学界使用国际单位制，但美国大众仍然使用传统的英制测量体系。美国政府于 1975 年颁布了《公制转换法案》，以便人们将英制转换为公制。该法案的颁布是为了促进人们更多地使用公制，然而该法案的要求不是强制性的，使用公制是自愿的。1988 年美国通过《综合贸易法案》，要求所有的联邦机构于 1992 年前，在所有的贸易活动中必须采用公制单位。因此，所有持有政府合同的公司不得不改用公制。尽管大约 60% 的美国公司生产公制的产品，英制测量体系似乎仍然在美国占支配地位。

"米"这个单位是如何定义的？

1798 年，法国科学家确定 1 米是北极点到赤道距离的一千万分之一。在计算了这个长度后，科学家制作了一个铂铱合金的米原器，用以规定 1 米的准确长度。这个标准一直被使用到 1960 年，之后形成了更新、更准确的测量 1 米长度的方法。

质量的标准单位是什么？

公制中质量的标准单位是千克。1 千克最初被定义为 4℃时 1 立方分米的纯水的质量。人们制造了一个与 1 立方分米水的质量相同的铂质圆柱体，定为质量的标准。1889 年，铂质圆柱体被铂铱合金圆柱体所取代。这个铂铱合金圆柱体的质量与最初的铂质圆柱体非常接近，被保存在巴黎附近。

秒是如何测量的？

原子钟是测量时间最准确的设备，比如铷原子钟、氢原子钟、氨原子钟和铯原子钟是科学家和工程师用来在全球定位系统（Global Positioning Systems，简称 GPS）中测量距离以及地球旋转的仪器。

被用来定义秒的标准的最稳定的测量钟是铯-133 原子钟。1 秒被定义为铯-133 原子振荡 9 192 631 770 周经历的时间。

最早的时间测量工具是什么?

最早测量时间的工具出现在公元前 3500 年左右,当时人们使用一种叫作日晷的仪器。这种仪器由针和圆盘组成。针垂直地穿过圆盘中心。当太阳光照在日晷上时,针的影子就会投向圆盘。通过观察一天中影子的相对位置就能知道一天中的时间。后来在公元前 3 世纪时,天文学家贝罗索斯发明了第一个半球状日晷,这种半球状的日晷取代了原有的日晷。

▋一个原子钟

当天空中没有太阳时,日晷就不能测定时间,这是日晷明显的缺点。为了弥补这一缺陷,人们制造了凹口蜡烛。后来,沙漏和水钟(滴漏计时器)流行开来。

古希腊发明家亚历山大城的特西比乌斯也在公元前 3 世纪制造了一种原始的机械钟,它使用齿轮来显示准确的时间。

▋日晷

公制的词头代表了什么意思?

公制中的词头用来表示 10 的幂。10 的指数代表了小数点应该向右移动的位数（如果这个数字是正数）或向左移动的位数（如果这个数字是负数）。下面是公制中经常使用的词头:

名　　称	英语名称	符　　号	因　　数
皮（可）	pico	p	10^{-12}
纳（诺）	nano	n	10^{-9}
微	micro	μ	10^{-6}
毫	milli	m	10^{-3}
厘	centi	c	10^{-2}
分	deci	d	10^{-1}
十	deka	da	10^{1}
百	hecto	h	10^{2}
千	kilo	k	10^{3}
兆	mega	M	10^{6}
吉（咖）	giga	G	10^{9}
太（拉）	tera	T	10^{12}

物 理 学 家

物理学家的职业生涯

 如何能成为一名物理学家?

成为物理学家的第一个要求是要具备好奇心。阿尔伯特·爱因斯坦曾经说过："我就像一个孩子，我总是提出一些最简单的问题。"其实，有时看起来简单的问题，回答起来却是最难的。

现在，除了具备好奇心以外，成为一名物理学家还需要接受大量的学校教育。在中学，数学、英语等学科必须学得扎实。要想在进入大学时有坚实的知识基础，科学这门学科的知识也是极其必要的。一旦进入大学成为物理专业的学生，学士学位所要求的课程有力学、电磁学、光学、热力学、现代物理和微积分等。研究型的物理学家要求具备更高的学位。这意味着要进入研究生院学习，进行研究，撰写论文，并最终获得博士学位。

物理学家做什么工作？

物理学家可以在很多领域任职。许多研究型物理学家在可以开展基础实验的地方工作，他们通常在政府实验室、研究型大学和机构工作。而期望将物理应用于工程和技术的新方法的物理学家受雇于工程、商业、法律和咨询公司。物理学家在计算机科学、医药、通信和出版业也起到了极其重要的作用。还有一些物理学家希望让年轻人为物理而兴奋，他们选择了教师职业。

不是物理学家的人能使用物理做什么？

每个工作都与物理有相关性，但是有些工作，人们并没有把它们与物理科学联系起来。

无论是职业运动员还是业余运动员，一直都在使用物理学原理。举、投、推、打、摔、跑、拖、跳和爬等运动时刻体现着运动原理。运动员和教练理解、掌握和使用的物理知识越多，运动员所取得的成绩就越好。

自动机械也使用到物理概念。事实上，如光学、电磁学、热力学和机械学等物理学科一直被应用在机动车辆的制造和使用上，它们使机动车辆的设计越来越复杂。

物理学另一项极其重要的应用领域是 X 射线，包括电子计算机断层扫描和核磁共振成像。在医院和诊所从事相关工作的技师必须了解 X 射线和核磁共振成像，掌握这些高科技设备的原理和使用方法。

理论物理学家和实验物理学家有什么区别？

根据以前的定律和理论对事物做出预测的是理论物理学家，而试图通过实验来验证、扩展或修正理论的物理学家被称为实验物理学家。比如，阿尔伯特·爱因斯坦被视为最伟大的理论物理学家，他成名并不是因为他在实验室里做了实验。另一伟大的物理学家伽利略则不断地在实验室中验证他的理论，是实验物理学的奠基人。

谁第一个声称地球是圆的？

大多数人都认为是克里斯托弗·哥伦布。这是错误的。比哥伦布早 1800 年左右，古希腊萨摩斯岛的阿利斯塔克不仅声称地球是圆的，而且还提出了地球绕太阳旋转。为了验证这样的假设，阿利斯塔克在两个不同的城市测量了太阳光和地球表面的夹角。他发现测量出的角度呈现出很大的差异。通过测量和计算，阿利斯塔克成为证明地球是球形的第一人。

著名的物理学家

最早的物理学是什么样的？

尽管物理直到 19 世纪早期才成为科学领域的独立学科，但是早在几千年前人们已开始研究宇宙中的运动、能量和动力。最早有文字记载的物理方面的设想包括行星的运动。这些记载可以追溯到古埃及和古巴比伦。古希腊哲学家柏拉图和亚里士多德分析了物体的运动，但是他们对用实验来证明或反驳自己的理论并不感兴趣。

亚里士多德有哪些贡献？

亚里士多德是古希腊的哲学家和科学家，生活在公元前 4 世纪，62 岁时去世。亚里士多德是柏拉图的学生，是生物、物理、数学、哲学、天文学、政治、宗教和教育领域中的杰出学者。在物理领域，他认为物体的运动是由于物体自身有运动的需要，如果想改变这种运动则需要外部因素的作用。这种想法使他闻名于世。尽管这种想法不完全正

▌亚里士多德

确，但它是关于运动的最初研究。伽利略和牛顿在 1000 多年后对他的想法进行了补充和完善。

亚里士多德之后，物理学有什么发展？

直到公元前 3 世纪，物理学实验才出现在地中海地区的亚历山大和其他主要城市。阿基米德通过测量物体在容器中排出的水量来测量物体的密度。阿利斯塔克因为测量了地球到太阳和月球的距离比而闻名。埃拉托色尼通过测量影子并利用三角学得到了地球的周长。喜帕恰斯发现了分点岁差。托勒密提出了宇宙结构学说，他认为太阳和月亮绕地球旋转。

哥白尼提出了什么样的天文学观点？

尼古拉斯·哥白尼认为太阳系不以地球为中心，而是以太阳为中心。他于 1543 年去世，去世之前，他发表了《天体运动论》。他的书被献给了教皇，这有一定的讽刺意味，因为天主教会并不支持这种观点。奇怪的是，哥白尼的书并没有立即被教会禁止，这也许是因为哥白尼没有注意到书中的一个说明，意思是说书中的观点只是为了更方便地计算行星的运动，绝对没有其他的意图。尽管哥白尼的书有一定的针对性，但这个说明确实使这本书更长久地发行，这恐怕是他所没有预料到的。

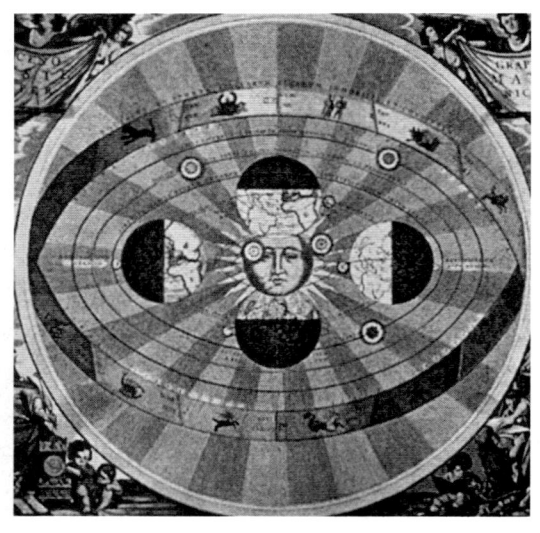

哥白尼关于地球绕日旋转的观点

哪位科学家因为赞同哥白尼的想法而被软禁？

伽利略使哥白尼体系受到更多的关注。1632年，伽利略出版了《两大世界体系的对话》。这本书最初得到天主教会的认同，但后来却遭到教皇的禁止，因为伽利略在书中支持哥白尼的太阳系模型。尽管当时的教皇是伽利略一生的朋友，但他却毫不留情地审判伽利略，并让伽利略在软禁中度过了余生。

伽利略的研究重点是运动，并以此闻名于世。他最著名的实验是在比萨斜塔上所做的自由落体实验。他用实验证明了重物体和轻物体以同样的速度下落。这种想法具有革命性，并被认为是真正物理学的开始。

伽利略

谁是最具影响力的科学家？

很多科学家和历史学家认为艾萨克·牛顿是最具影响力的科学家。牛顿发现了运动定律和万有引力定律，在光学领域取得了巨大的突破，发明了第一个反射式望远镜，并且发明了微积分。他在《自然哲学的数学原理》和《光学》中发表的科学发现是空前的。在20世纪早期爱因斯坦提出相对论以前，牛顿的理论是所有物理学的基础。

牛顿的母亲希望他成为农场主，但他的叔叔看到牛顿在科学方面很有天赋，帮助他进入了剑桥大学的三一学院。然而，牛顿只在那里学习了2年就返回家乡伍尔索普村躲避瘟疫。牛顿就是在伍尔索普村得出了最为重要的科学发现。

艾萨克·牛顿

牛顿有什么官方头衔?

牛顿得到了同时代人的尊敬和认可。尽管他的脾气非常暴躁,对同时代的人非常无礼,但是他在 17 世纪 60 年代末期被授予剑桥大学卢卡斯数学教授一职。1703 年他成为英国皇家学会会长。1705 年,他被授予爵士头衔,是第一位被授予此荣誉的科学家。

爱因斯坦早年有什么经历?

1879 年 3 月 14 日,阿尔伯特·爱因斯坦出生于德国乌尔姆。没有人知道这个小男孩长大后会成为改变人们认知宇宙方式的人。当他是个孩子时,他讨厌学校集中管理的模式,时常逃学,并自学物理和数学的定律。因为他从来没有给老师留下深刻的印象,所以在苏黎世的联邦工业大学毕业后,并没有在学校获得任何职位,却成为瑞士伯尔尼一名专利局职员。

爱因斯坦为什么享有如此盛名?

爱因斯坦是伟大的理论物理学家。他的成就之一是相对论。相对论改变了以往人们对物理学基础做出的假设。爱因斯坦用相对论描述了时间和运动的关系、质量和能量的转换。尽管相对论是爱因斯坦提出的最有深刻意义的理论,但他却没有因此而获得诺贝尔物理学奖。1921 年,他在光电效应方面做出的贡献为他赢得了诺贝尔物理学奖。

为什么爱因斯坦没有因为相对论获得诺贝尔奖,却因为光电效应获此殊荣?

诺贝尔奖的原则是对实验性的贡献颁发奖项,而爱因斯坦的相对论是理论研究,因此被诺贝尔奖排除在外。其实光电效应的大部分研究仍是理论性的,爱因斯坦在光电效应研究中的实验性工作很少。因此人们都认为,诺贝尔委员会认为爱因斯坦应该获得诺贝尔奖,而光电效应只是他们把奖项授予爱因斯坦的一个借口。

为什么爱因斯坦不仅仅是一个举世闻名的物理学家?

爱因斯坦知道他的言论对整个世界有极其重要的影响。第一次世界大战期间,爱因斯坦公然反对引发战争的德国人。希特勒当政后,爱因斯坦决定前往美国,成为美国公

▎阿尔伯特·爱因斯坦（左）和以色列总理戴维·本-古里安

民，并在新泽西州的普林斯顿高等研究院任职。由于德国正在制造原子弹，爱因斯坦曾与其他物理学家合作给美国总统罗斯福写信，敦促美国根据他的公式 $E = mc^2$ 制造美国自己的原子弹。尽管爱因斯坦并没有真正参加原子弹的研究和制造，但是他对第二次世界大战期间日本在原子弹爆炸中丧生的群众和原子弹带来的毁灭性灾难深感自责。他曾写信给美国总统杜鲁门，请求他不要使用原子弹，但总统并没有收到这封信。战后，爱因斯坦一直向当局游说裁减军队中的核武器。爱因斯坦的科学研究和他的社会及政治观点使他成为全世界的偶像。

诺贝尔物理学奖

诺贝尔奖是什么奖？

诺贝尔奖是世界上最有声誉的奖项之一。该奖项以可塑炸药的发明者阿尔弗雷德·伯恩哈德·诺贝尔命名。他留下了 900 万美元的信托基金，其利息被授予在各个领域做出杰出贡献的人们。诺贝尔奖涉及的领域有物理学、化学、生理学或医学、文学、和平和经济学，奖金约 100 万美元，除了奖金以外，诺贝尔奖获得者还将得到无上的荣誉。

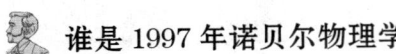

谁是 1997 年诺贝尔物理学奖的获得者？

1997 年诺贝尔物理学奖的获得者是美国的朱棣文、威廉·D. 菲利普斯和法国的克洛德·科昂·塔努吉。他们因为发明了用激光冷却和捕获原子的方法而分享了这一殊荣。冷却和捕获原子为其他科学家精确研究原子的基本性质创造了条件。

1997 年之前，历年获得诺贝尔物理学奖的科学家是谁？

1996 年	戴维·M. 李、道格拉斯·D. 奥谢罗夫和罗伯特·C. 理查森: 发现氦-3 中的超流动性
1995 年	马丁·L. 佩尔: 发现了 τ 子
	弗雷德里克·莱因斯: 观察到中微子
1994 年	伯特伦·N. 布罗克豪斯: 发展中子频谱学
	克利福德·G. 沙尔: 发展中子衍射技术
1993 年	拉塞尔·A. 赫尔斯和约瑟夫·H. 泰勒: 发现新型的脉冲星
1992 年	乔治·夏帕克: 发明和发展了粒子探测器
1991 年	皮埃尔-吉勒·德热纳: 把研究简单系统中有序现象的方法推广到比较复杂的物质形式
1990 年	杰尔姆·I. 弗里德曼、亨利·W. 肯德尔和理查德·E. 泰勒: 电子–核子深度非弹性散射实验，证实了质子和中子中夸克的存在
1989 年	诺曼·F. 拉姆齐: 发明分离振荡场方法，可应用于氢微波激射器和原子钟中
	汉斯·G. 德默尔特和沃尔夫冈·保罗: 发展离子陷阱技术
1988 年	利昂·M. 莱德曼、梅尔文·施瓦茨和杰克·施泰因贝格尔: 产生第一束实验室创造的中微子束，并发现中微子，从而证明了轻子的对偶结构
1987 年	乔治·格奥尔格·贝德诺尔茨和 K. 亚历山大·米勒: 发现氧化物中的高温超导材料
1986 年	恩斯特·鲁斯卡: 电子光学的基础工作和研制出第一台电子显微镜
	格尔德·宾宁和海因里希·罗雷尔: 研制扫描隧道显微镜
1985 年	克劳斯·冯·克利青: 发现量子霍尔效应

1984 年　卡洛·鲁比亚和西蒙·范德梅尔: 对导致发现弱相互作用传递者——场粒子 W 和 Z 的大型工程做出了决定性贡献

1983 年　苏布拉马尼扬·钱德拉塞卡: 对恒星结构及其演化理论做出重大贡献

威廉·阿尔弗雷德·福勒: 对宇宙中形成化学元素的核反应的理论和实验研究

1982 年　肯尼斯·G. 威尔逊: 对相转变的临界现象理论的贡献

1981 年　尼古拉斯·布隆伯根和阿瑟·L. 肖洛: 激光光谱学发展方面做出贡献

凯·M. 西格巴恩: 开发高分辨率电子光谱仪

1980 年　詹姆斯·W. 克罗宁和瓦尔·L. 菲奇: 发现中性 K 介子衰变时存在不对称性

1979 年　谢尔登·L. 格拉肖、阿卜杜勒·萨拉姆和史蒂文·温伯格: 基本粒子间弱相互作用力和电磁作用力的统一理论, 包括预言弱中性流的存在等贡献

1978 年　彼得·L. 卡皮查: 低温物理领域的基础发明和发现

阿诺·A. 彭齐亚斯和罗伯特·W. 威尔逊: 发现宇宙微波背景辐射

1977 年　菲利普·W. 安德森、内维尔·F. 莫特和约翰·H. 范扶累克: 对磁性和无序体系电子结构的基础性理论研究

1976 年　伯顿·里克特和丁肇中: 发现新的基本重粒子

1975 年　奥格·玻尔、本·莫特森和詹姆斯·雷恩沃特: 发现原子核中集体运动和粒子运动之间的联系, 并且根据这种联系发展了原子核结构的理论

1974 年　马丁·赖尔和安东尼·休伊什: 射电天体物理学领域的研究, 赖尔观察并提出了综合孔径技术, 休伊什在发现脉冲星方面有决定性作用

1973 年　江崎玲于奈和伊瓦尔·贾埃弗: 发现半导体和超导体的隧道效应

布赖恩·D. 约瑟夫森: 预测出通过隧道势垒的超电流的性质, 尤其是约瑟夫森效应

1972 年　约翰·巴丁、利昂·N. 库珀和约翰·罗伯特·施里弗: 创立超导性理论, 即 BCS 理论

1971 年　丹尼斯·伽柏: 发明并发展全息摄影术

1970 年　　汉尼斯·阿尔文：研究和发现磁流体动力学的基础及其在等离子物理中
　　　　　富有成果的应用

　　　　　路易·奈尔：关于反铁磁性和铁磁性的基础，研究和发现及其在固体物
　　　　　理学方面的重要作用

1969 年　　默里·盖尔曼：关于基本粒子的分类和相互作用的发现

1968 年　　路易斯·W. 阿尔瓦雷斯：对基本粒子物理学的决定性贡献，特别是通过
　　　　　发展氢气泡室和数据分析技术发现了许多共振态

1967 年　　汉斯·阿尔布雷希特·贝特：对核反应理论的贡献，特别是关于恒星能
　　　　　源的产生的发现

1966 年　　阿尔弗雷德·卡斯特勒：发现并发展光学方法以研究原子中赫兹共振的
　　　　　贡献

1965 年　　朝永振一郎、朱利安·施温格和理查德·P. 费曼：量子电动力学的研究

1964 年　　查尔斯·H. 汤斯、尼古拉·根纳季耶维奇·巴索夫和亚历山大·米哈伊
　　　　　洛维奇·普罗霍罗夫：在量子电子学领域的基础研究成果，为微波激射
　　　　　器和激光器的发明奠定理论基础

1963 年　　尤金·P. 维格纳：原子核和基本粒子理论的研究，特别是发现和应用对
　　　　　称性基本原理方面的贡献

　　　　　玛丽亚·格佩特–梅耶和 J. 汉斯·D. 延森：发现原子核的壳层结构

1962 年　　列夫·达维多维奇·朗道：关于凝聚态物质的理论，特别是液氦的研究

1961 年　　罗伯特·霍夫施塔特：关于电子对原子核散射的先驱性研究，并由此发
　　　　　现原子核的结构

　　　　　鲁道夫·路德维希·穆斯堡尔：从事 γ 射线的共振吸收现象，研究并发
　　　　　现了穆斯堡尔效应

1960 年　　唐纳德·A. 格拉泽：发明气泡室

1959 年　　埃米利奥·吉诺·塞格雷和欧文·张伯伦：发现反质子

1958 年　　帕维尔·阿列克谢耶维奇·切连科夫、伊利亚·米哈伊洛维奇·弗兰克
　　　　　和伊戈尔·叶夫根尼耶维奇·塔姆：发现并解释切连科夫效应

1957 年　　杨振宁和李政道：发现弱相互作用下宇称不守恒，导致有关基本粒子的
　　　　　重大发现

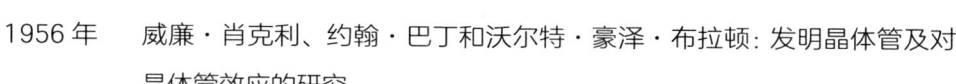

1956 年   威廉·肖克利、约翰·巴丁和沃尔特·豪泽·布拉顿：发明晶体管及对晶体管效应的研究

1955 年   威利斯·尤金·兰姆：发明了微波技术，进而研究氢原子的精细结构

波利卡普·库施：精密测定电子磁矩

1954 年   马克斯·玻恩：对量子力学的基础研究，特别是量子力学中波函数的统计解释

瓦尔特·博特：发明了符合计数法

1953 年   弗里茨·塞尔尼克：论证相衬法，特别是研制相衬显微镜

1952 年   费利克斯·布洛赫和爱德华·米尔斯·珀塞尔：核磁精密测量新方法的发展及其有关发现

1951 年   约翰·道格拉斯·考克饶特和欧内斯特·托马斯·辛顿·瓦耳顿：用人工加速粒子轰击原子，产生原子核嬗变

1950 年   塞西尔·弗兰克·鲍威尔：研究核过程的摄影法并发现介子

1949 年   汤川秀树：提出核子的介子理论并预言介子的存在

1948 年   帕特里克·梅纳德·斯图亚特·布莱克特：改进威尔逊云雾室方法和由此在核物理和宇宙射线领域的发现

1947 年   爱德华·维克托·阿普尔顿：对高层大气物理性质的研究，发现阿普尔顿层（电离层）

1946 年   珀西·威廉姆斯·布里奇曼：发明获得强高压的装置，并在高压物理学领域有所发现

1945 年   沃尔夫冈·泡利：发现泡利不相容原理

1944 年   伊西多·艾萨克·拉比：用共振方法测量原子核的磁性

1943 年   奥托·施特恩：开发分子束方法和测量质子磁矩

1942 年   未颁奖

1941 年   未颁奖

1940 年   未颁奖

1939 年   欧内斯特·奥兰多·劳伦斯：研制回旋加速器及对研究成果的利用，特别是将其应用于人工放射性元素的研究中

1938 年   恩里科·费密：发现由中子辐射产生的新放射性元素并用慢中子实现核

反应

1937 年　克林顿·约瑟夫·戴维孙和乔治·佩吉特·汤姆森：通过实验发现晶体对电子的衍射作用

1936 年　维克托·弗朗茨·赫斯：发现宇宙辐射

　　　　卡尔·戴维·安德森：发现正电子

1935 年　詹姆斯·查德威克：发现中子

1934 年　未颁奖

1933 年　埃尔温·薛定谔和保罗·阿德里安·莫里斯·狄拉克：量子力学的全新发现和广泛发展

1932 年　维尔纳·海森堡：创立量子力学并导致氢的同素异形体的发现

1931 年　未颁奖

1930 年　钱德拉塞卡拉·文卡塔·拉曼：研究光散射并发现拉曼效应

1929 年　路易·维克托·德布罗意：电子波动性的理论研究

1928 年　欧文·威兰斯·理查森：研究热离子现象，并提出理查森定律

1927 年　阿瑟·霍利·康普顿：发现康普顿效应

　　　　查尔斯·汤姆森·里斯·威尔逊：发明云雾室以观测带电粒子，使带电粒子的轨迹变为可见

1926 年　让-巴蒂斯特·皮兰：研究物质不连续结构，并发现沉积平衡

1925 年　詹姆斯·弗兰克和古斯塔夫·赫兹：发现原子和电子的碰撞规律及其影响

1924 年　卡尔·曼内·耶奥里·西格巴恩：X 射线光谱学方面的发现和研究

1923 年　罗伯特·安德鲁斯·密立根：关于基本电荷的研究以及验证光电效应

1922 年　尼尔斯·玻尔：关于原子结构以及原子辐射的研究

1921 年　阿尔伯特·爱因斯坦：发现光电效应定律

1920 年　夏尔·爱德华·纪尧姆：发现镍钢合金的反常性及其在精密物理中的重要性

1919 年　约翰内斯·施塔克：发现极隧射线的多普勒效应以及电场作用下光谱线的分裂现象

1918 年　马克斯·卡尔·恩斯特·路德维希·普朗克：研究辐射的量子理论

1917 年　查尔斯·格洛弗·巴克拉：发现标识元素的次级伦琴辐射

1916 年	未颁奖
1915 年	威廉·亨利·布拉格和威廉·劳伦斯·布拉格：用 X 射线对晶体结构的研究及对研究设备的发展
1914 年	马克斯·冯·劳厄：发现晶体中的 X 射线衍射现象
1913 年	海克·卡末林·昂内斯：关于低温下物体性质的研究，尤其是制成液态氦
1912 年	尼尔斯·古斯塔夫·达伦：发明点燃航标灯和浮标灯的瓦斯自动调节器
1911 年	威廉·维恩：发现热辐射定律
1910 年	约翰内斯·迪德里克·范德瓦耳斯：对气体和液体状态方程的研究
1909 年	古列尔莫·马可尼和卡尔·费迪南德·布劳恩：发明无线电及对发展无线电通信的贡献
1908 年	加布里埃尔·李普曼：发明应用干涉现象的天然彩色摄影技术
1907 年	阿尔伯特·亚伯拉罕·迈克耳孙：发明光学干涉仪并使用其进行光谱学和基本度量学研究
1906 年	约瑟夫·约翰·汤姆森：气体电传导性的理论与实践研究
1905 年	菲利普·爱德华·安东·莱纳德：关于阴极射线的研究
1904 年	约翰·威廉·斯特拉特·瑞利勋爵：对重要气体的密度的研究以及氩的发现
1903 年	安托万-亨利·贝克勒耳：发现天然放射性
	皮埃尔·居里和玛丽·居里：发现并研究放射性元素钋和镭
1902 年	亨得里克·安东·洛伦兹和彼得·塞曼：关于磁场对辐射现象影响的研究
1901 年	威廉·康拉德·伦琴：发现伦琴射线（X 射线）

 **谁是第一个获得诺贝尔物理学奖的美国人？**

德裔美国物理学家阿尔伯特·亚伯拉罕·迈克耳孙发明了精密的光学仪器并对光速进行了准确的测量，1907 年，他被授予诺贝尔物理学奖。14 年之后，另一名德裔美国人阿尔伯特·爱因斯坦因其在光电效应方面做出的伟大贡献获得了诺贝尔物理学奖。

哪个国家拥有最多的诺贝尔物理学奖获得者？

自 1901 年开始颁发诺贝尔奖以来，尽管过了 6 年（即 1907 年）才有美国人得到诺贝尔物理学奖，但到目前为止，美国拥有最多的诺贝尔物理学奖获得者。

 ## 20 世纪有哪两位女性获得诺贝尔物理学奖？

1903 年，玛丽·居里成为第一位获得诺贝尔物理学奖的女性。她与丈夫皮埃尔·居里，以及安托万–亨利·贝克勒耳因为发现了 40 多种放射性元素和在放射学领域的其他突破性贡献被授予诺贝尔物理学奖。

1963 年，玛丽亚·格佩特–梅耶成为第二位获得诺贝尔物理学奖的女性，她也是 20 世纪唯一获此殊荣的美国女性。

第2章
运 动

如何理解"运动与参照物相关"？

宇宙中的万物都处在运动中。地球绕轴自转，并和太阳系中其他行星绕太阳旋转。在银河系中，太阳系也在星际不断地运动，宇宙中其他星系亦然。"处于静止状态"在理论上是不可能的。

当谈到物体运动时，这一运动一定会被描述为"相对于其他物体而言"。除非提到参照物，否则运动的参照物默认为地球表面。

即使在地球上，一个物体对于一个人来说是静止的，而对于另外一个人也许就是运动的。我们以在行驶的汽车中阅读本书为例，从读者的角度来说，这本书并没有运动，也就是相对于读者，它是静止的。然而，从站在路边的观察者角度来看，这本书连同车中读书的人都处在运动中。根据不同的参照物，这本书可能运动，可能静止。因此描述运动时必须选取参照物。

速度、速率和加速度

速度和速率是同一个概念吗？

速度和速率经常被混淆。对于物理学家来说，速度和速率的区别在于是否指明了方向。速率表示物体在单位时间内移动的距离。如果一个交通工具在 1 小时内行驶了 100 千米，那么这个交通工具的速率是 100 千米 / 小时。速度除了描述物体运动的速率外，还定义了物体运动的方向。比如说，上述交通工具的速度可能是向东 100 千米 / 小时。

因此，一个转弯的交通工具可能以不变的速率行驶，却不能说它以不变的速度行驶，因为在转弯过程中，它的方向被改变了。如果一个交通工具将速度从 0 米 / 秒在 1 秒之内加速为 10 米 / 秒，那么它的加速度为 10 米 / 秒²。如果一个以 10 米 / 秒运动的物体在 1 秒之内变为静止状态，那么它的加速度为−10 米 / 秒²。负数表示相反方向的加速度。

矢量是什么？

矢量是既有大小又有方向的量。比如说，速度就是一个矢量，速率则不是矢量，而是一个标量，因为速度除了包括速率之外还包括方向，比如向北 40 千米 / 小时。物理学中矢量被用来描述各种形式的物理运动和力。

当描述物理现象或解决物理问题时，画图能简化问题。如果问题中的某个变量涉及运动，就可以用矢量来描述这个运动，这时，我们可以画一个箭头，箭头的长短表示矢量的大小，而箭头的方向表示矢量的方向。比如说，如果一辆汽车向东以 55 千米 / 小时的速度行进，我们就可以用矢量来描述这一运动。画一个箭头，箭头的长度代表速度为 55 千米 / 小时，而箭头的方向是朝东的。

物理学中一直使用矢量吗？

尽管数百年时间里，人们使用了很多方法描述与现代矢量相似的物理参量，但是直到 1 个世纪前，英国数学家才发展出我们如今所知道的矢量这一概念。奥利弗·亥维赛简化了前人的描述方式，发展现代矢量概念。在解决物理问题方面，无论难易，他都有极大的帮助。

米 / 秒和英里 / 小时如何转换？

在这本书中，大部分的速度以米 / 秒为单位，即 m/s。下表列出了米 / 秒和英里 / 小时的对应关系：

米 / 秒	英里 / 小时
5	11.2
10	22.3

米 / 秒	英里 / 小时
15	33.5
20	44.6
25	55.8
30	66.9
35	78.0

加速度是什么？

加速度是物体改变速度的快慢，即用速度的变化除以时间。

速度的极限是什么？

最快的速度是光速。爱因斯坦在相对论中将光速定义为"速度的极限"，其值为 $3×10^8$ 米 / 秒。根据爱因斯坦的理论，如果有人真的能达到这个速度，那时间就会为这个人停止（爱因斯坦的相对论，参见"深层理论"一章）。

牛顿三大定律

惯　性

牛顿第一运动定律是什么？

惯性定律是牛顿三大定律的第一条定律。惯性是物体抵抗改变其运动状态的性质。惯性定律描述了当物体处于静止状态时，它有保持静止状态的倾向；而一个处在运动状态的物体则保持不变的速度，直到外界施加的力作用在物体上从而改变物体的运动。比如说在气悬冰球桌上，球会以恒定速度做直线运动，直到有外力作用在它上面。这个外力可能来自冰球桌壁、人，或者是空气的摩擦。直到外力推动或拉动冰球前，它都将以恒定的速度运动。物体具有多大的惯性由物体的质量决定，人们可以通过测量物体的质量得出该物体的惯性。

为什么橄榄球比赛的前锋体重应该稍重一些?

惯性取决于质量，所以前锋的体重越重，他就越难被推开。而后卫球员就恰恰相反，他们需要很快地加速，所以后卫的体重应该轻些，这样跑动起来就会快些。橄榄球比赛需要多种运动。

为什么轿车中需要座椅头枕?

座椅头枕与安全带的作用是一样的：增加安全性。座椅头枕并不是为了休息和舒适设计的，而是在车辆被后方力量冲击时，防止头部向后冲。当轿车后部被冲击时，车座产生了作用在人体上的力量，使其向前加速。然而，车座并没有向前推人的头部，根据惯性定律，头部应该保持相对于地面的原有运动模式。这意味着相对于加速的轿车来说，人的头部会向后冲。而装有座椅头枕的轿车可以将头部和身体一起向前推，这就能防止因碰撞而产生严重的颈部伤害。

力

力是什么?

艾萨克·牛顿将力定义为改变物体的静止或匀速直线运动的作用。公式：力 = 质量 × 加速度，即 $F = ma$。

如果物体的质量不变，那么施加的力越大，加速度就越大。比如，一辆小型汽车如果装备了一个功率较小的发动机，那么发动机产生的较小力量只能产生较小的加速度。然而，如果这辆小型汽车装备了较为强大的发动机，那么这个发动机就会产生较大的作用力，因此汽车的加速度就会变大。当物体的质量不变时，力和加速度成正比。

在力固定不变时，物体的质量及惯性越大，物体的加速度就越小。我们还是以小型汽车为例，当发动机产生固定的力时，由于汽车的质量较小，因此发动机产生的力可以使其以较大的加速度加速行驶。然而，如果同一个发动机被装在卡车上，卡车的惯性使其产生了比小型汽车小的加速度。当力恒定不变时，质量和加速度成反比。

相互作用

为什么每个力都有一个大小相等的反作用力？

牛顿第三运动定律阐述了当两个物体相互作用时会产生大小相等、方向相反的作用力和反作用力。比如，当球拍击打垒球时，垒球也同样击打球拍。牛顿意识到，每一个作用力（球拍击打垒球）都会产生一个反作用力（垒球击打球拍）。两个力的大小是相等的。然而，根据牛顿第二定律，力的大小相等时，质量小的物体（惯性也小）会产生更大的加速度。垒球比球拍和拿着球拍的人质量要小得多，因此也产生了更大的加速度。

如何用牛顿第三运动定律解释人的行走？

根据牛顿第三运动定律，力产生在两个物体之间。当人行走时，脚作用于地球，地球也产生了一个反作用于脚的力。人和地球所作用的力的大小是相等的，但因为地球的质量远远超过了人的质量，人的惯性比地球小得多，所以步行者的加速度比地球大。

摩 擦 力

摩擦力是什么？

当两个物体不光滑的表面相互摩擦时，产生的摩擦力阻碍了物体的运动。摩擦力就是一种阻碍物体运动的力。两个物体之间摩擦力的大小取决于物体表面的光滑程度以及物体之间的压力。因为没有任何物体的表面是绝对光滑的，所以所有物体在与其他物体相互摩擦时，都会产生摩擦力。

为什么汽车轮胎上有花纹？

为了让轮胎转动，使汽车向前行驶，需要在橡胶轮胎和路面之间产生摩擦。如果没有摩擦，轮胎只能简单地旋转，就像在几乎没有摩擦的冰面上打滑。与路面接触的橡胶越多，人们就能越好地控制汽车。尽管胎面花纹减少了轮胎和地面之间的接触面积，因此减少了摩擦，但确实能够产生更为安全的路面控制力。

汽车轮胎上有花纹是为了减少轮胎底面的水，使水改变方向。水在湿的路面上起到了润滑剂的作用，在这种情况下，轮胎就不能产生足够的摩擦力。所以经常检查轮胎胎面花纹的磨损程度，确保汽车在湿滑的路面能够安全行驶是至关重要的。

为什么赛车的干地轮胎没有胎面花纹？

因为赛车的干地轮胎只用于不下雨的比赛天，所以没有必要减少轮胎底面的水并改变水的方向。如果轮胎没有胎面花纹，就会有更多的橡胶接触路面，增加的摩擦力会产生更强的抓地力从而提供更加安全的操纵性能。

无花纹的赛车轮胎

摩擦系数是什么？

物体的摩擦系数"μ"是物理学家和工程师衡量材料的粗糙度的值。物体越粗糙，μ值越大。

静摩擦力与动摩擦力有什么区别？

静摩擦力是两个静止物体之间的摩擦力，动摩擦力是两个运动着的物体之间的摩擦力。压力相同的情况下，物体在静止时比在运动时产生更大的摩擦力。比如挪动静止在混凝土地面上的一个又大又重的板条箱，挪板条箱的人必须用很大的力气来克服板条箱与地面之间的静摩擦力。当板条箱开始滑动时，根据惯性定律，板条箱有保持运动的倾向。既然它已经处于运动状态，那么需要克服的动摩擦力要小于刚才克服的静摩擦力。

如何减小摩擦力？

减小摩擦力可以通过使两个物体表面光滑，或减少两个物体之间的压力这两种方式实现。有时减小摩擦力的最为实用的方式是使用润滑剂。润滑剂这种液体状物质可以填充擦痕和凹处，从而减少物体表面的不平。因此，润滑剂可以减少相互接触的物体的摩擦。

球轴承是如何减小摩擦力的？

球轴承是将小的钢球安装在内钢圈轴和外钢圈之间的循环轨道上的装置。当轮子转动时，球通过在循环轨道上绕轴旋转来减少摩擦。首先，内钢圈如果滑行或旋转，不会直接与外钢圈产生接触，因此在旋转过程中，物体之间相互接触的面积达到了最小值。其次，球轴承的表面光滑、坚固。最后，球轴承还会被涂上厚厚的润滑油。这种球轴承、光滑表面和润滑油的结合大大地减少了摩擦，所以以旋转方式运行时就会产生较小的摩擦力。

摩擦力是如何降低机器的效率的？

当两个物体相互摩擦时，会将动能转化为热能。运动中的物体的部分能量被转化成热能，这势必会减少机器所做的功，并增加机器破损和报废的概率。理想的机器是将转化得到的热能降为零。尽管有很多方法可以减小机器的摩擦力，但是无摩擦的完美的机器是不存在的。

摩擦力总是不好的因素吗?

摩擦力的作用有好有坏,取决于需要做的事情。比如,在汽车发动机设备之间的摩擦力会将动能转化为热能,这就会降低发动机的效率。然而,如果没有摩擦力,车轮就不可能在马路上前进。

有没有不存在摩擦力的地方?

摩擦力存在于整个宇宙之间。尽管减小摩擦力的方法有很多,但是摩擦力是不可能被消除的。最接近无摩擦力的环境是太空。因为太空是真空环境,所以没有空气阻力阻碍物体的运动。只要在邻近区域没有大的引力,两个物体的表面就不会形成自然压力。然而,如果物体相互碰撞,表面的接触就会产生摩擦力。因此只要恒星、行星、灰尘和气体等之间没有接触,太空就可以被认为是一个接近无摩擦力的环境。

自 由 落 体

自由落体是什么?

当物体受到地球或其他大的引力体的吸引时,会产生自由落体现象。然而,物体下落到地面的运动并不总是真正的自由落体运动,因为摩擦力(比如空气阻力)阻碍了物体向地面的加速降落。真正的自由落体运动只有在没有空气阻力的真空环境下才能实现。

物体在自由落体的情况下速度是多少?

如果不考虑空气阻力,一个物体加速下落时的加速度是 9.8 米 / 秒^2。下表列出了物体在做自由落体运动时的速度和距离:

时间(秒)	速度(米 / 秒) 速度 = 加速度 × 时间	距离(米) 距离 =1/2 加速度 × 时间^2
1	9.8	4.9
2	19.6	19.6

时间（秒）	速度（米/秒） 速度＝加速度 × 时间	距离（米） 距离 =1/2 加速度 × 时间²
3	29.4	44.1
4	39.2	78.4
5	49.0	122.5
6	58.8	176.4
7	68.6	240.1
8	78.4	313.6
9	88.2	396.9
10	98.0	490.0

终端速度是什么？

　　当对物体的抵抗力与物体的速度同时增大时，物体将稳定在一定的速度上，此时的速度即终端速度。在跳伞运动中，终端速度是人在下落过程中达到的"最大速度"。如果没有空气阻力，理论上，在到地面以前，人下落的速度会越来越快，加速度为 9.8 米/秒²。而实际上，从飞机上跳下后，尤其打开降落伞后，人会受到很大的空气阻力，当作用在跳伞运动员身上向上的空气阻力和向下的重力相等时，达到终端速度。在这种情况下，跳伞运动员停止加速并以不变的速度下降到地面。

跳伞运动员下落时的速度可达到多少？

　　对于普通的跳伞运动员来说，最大速度，即终端速度大约能达到 150 ~ 200 千米/小时。跳伞运动员的体重和体形会影响终端速度。

降落伞的工作原理是什么？

　　跳伞运动员使用降落伞增大空气阻力，减缓下落的速度。一旦打开了

▌处于自由落体状态下的跳伞运动员

降落伞，空气阻力就远远大于重力，所以跳伞运动员的下落速度就大大降低了。在 1 秒左右，使用降落伞的运动员就达到了终端速度，然后以 15 ~ 25 千米 / 小时的速度降落到地面。

为什么从帝国大厦上扔下一枚硬币很危险？

从帝国大厦上扔下一枚硬币会给地面上的人带来极大的危险和伤害。硬币在下落过程中不断加速，直到它达到 175 千米 / 小时的终端速度。如果下落的硬币击中了地面的行人，产生的极大的力会造成严重的头部伤害。

压　　强

压强是什么？

压强被定义为作用在单位面积上的压力。压强的公式为压力除以面积，所以压力越集中、越大，压强就越大。受力面积越大或压力越小，压强就越小。在公制中，压强的单位为帕斯卡，符号为 Pa，1 帕斯卡等于 1 平方米受力的牛顿数。

为什么针、大头针、钉子、道钉和箭都是尖头的？

人们使用这些工具是希望它们能容易地穿过特别的物体表面，即用最小的压力使其穿透物体的表面。压强被定义为作用在单位面积上的压力，而尖头只有很小的接触面积，所以使用者只需要使用很小的力就可以产生很大的压强。

为什么穿高跟鞋很难在草地上行走？

穿过高跟鞋的人肯定知道答案，然而对于那些不穿高跟鞋的人，他们可能不太清楚，穿上高跟鞋在松软的地面行走，鞋跟很有可能会陷到地里。这是因为人的重力全部集中于鞋跟这很小的面积上，因此产生的巨大压强会使鞋跟陷入地面。这种现象不仅会出现在穿高跟鞋的人身上，防滑钉也应用了同样的原理，但是它的作用是给人们带来便利。足球、棒球和橄榄球运动员作用在鞋底防滑钉上的强大压强使运动鞋插入地面，获得强大的摩擦力防止他们滑倒。

人真的能躺在钉床上吗？

钉床是一块面上布满朝上的钉子尖的木板。当一个人躺在钉床上时，众多的钉子共同分担了他的重量，因此每一个钉子上的压强都小到不足以刺破他的皮肤。关键之处是要使用尽可能多的钉子，并且达到最大的身体接触面积。躺在成百上千个钉子上要比躺在一个钉子上容易得多。钉子的数量

钉床

越多，每个钉子上的压强就越小。增加接触面积——比如说从坐着的状态改变成躺着的状态，也会减小钉子上的压强。尽管钉床的原理很简单，但如果不是专业人员，绝不可轻易尝试。

冰鞋的原理是什么？

当人穿着冰鞋站在冰上时，金属冰刀与冰面会产生巨大的压强，这是因为溜冰者的重力被集中在很小的面积上。如果穿着普通的鞋，重量将会分布在更大的面积上，这样就会产生较小的压强。在穿冰鞋的状况下，较大的压强使冰的熔点降低，因此使冰刀下的少部分冰直接融化。当冰鞋处在运动中时，它不会和固体的冰摩擦，而是直接在压强下所产生的水上滑行。当冰鞋离开融化的地方后，因为周围冰的低温，融化的水马上会冻结。同样的现象也可以在下面制冷器的实验中看到：在细绳两端挂上具有一定重量的物体，再将细绳放在制冷器的小方冰块上，放置一晚后，细绳将融化一小部分的冰，陷入冰块中。第二天早上，这根细绳会被冻在冰块里。

质 量 和 重 量

质量和重量有什么区别？

尽管重量和质量有密切联系，但它们却是完全不同的概念。质量用来测量物体的惯

性，取决于物体内所包含的物质的量。如果物体没有失去或获得物质，它的质量不会改变。在公制中，质量的单位是千克（kg）。

而重量不仅取决于物体有多大的质量，而且，当物体从一个引力场转移到另一个引力场时（比如从地球转移到月球上），物体的重量也会发生改变。重量等于物体的质量与重力加速度的乘积，在地球表面附近的区域，重量 = 质量 × 地球重力加速度（$W = mg$）。在公制中，重量的单位是牛顿（N）。

在地球上，一个质量为 50 千克的人乘以重力加速度（9.8 米 / 秒^2）得到他的重量是 490 牛顿。月球上的重力加速度是地球的 1/6 左右，如果此人在月球上，那么他的重量只有 80 牛顿。如果这个人在真空状态下，远离任何行星的引力场，那么这个人的重量是 0 牛顿，但是他的质量并没有改变，仍然是 50 千克。

月球的重力比地球小，那么为什么在月球上很难挪动物体？

在月球上抬起物体比在地球上抬起同样的物体容易很多，因为月球上的重力加速度是地球上的 1/6，因此在月球上同一物体的重量是地球上重量的 1/6。然而，如果要将物体从一个地方移至另一个地方，难度与在地球上是一样的。这是因为重力只支配垂直方向的运动（举起或放下），并不能控制水平方向的运动（推或拉）。

50 千克的人在火星上有多重？

一个 50 千克的人在太阳系行星上的重量为：

行 星	重力加速度（米 / 秒^2）	重量（牛顿）
水 星	3.72	186.0
金 星	8.92	446.0
地 球	9.80	490.0
火 星	3.72	186.0
木 星	24.80	1 240.0
土 星	10.49	525.0
天王星	9.02	451.0
海王星	11.56	578.0

如果将人放在地球的中心，他的重量是多少？

如果我们可以将自己放置在地球的中心，那么我们的重量为 0 牛顿。人们受到地球引力的吸引是因为地球的质量。如果将一个人直接放在地球中心，他的上、下、前、后、左、右有同样的质量。他会受到所有这些质量的吸引，但是这些相同的质量在各个方向给他同样大小的引力，这就会使各个方向的引力相互抵消，形成重量为 0 牛顿的状态。

当"阿波罗号"宇航员戴维·斯科特在月球上同时扔下羽毛和锤子，哪一个先落下？

戴维·斯科特在月球上做了自由落体的实验，这个实验是自由落体最著名的例证之一。他通过实验证明了伽利略约 300 年前提出的观点。在他的简单试验中，他一手拿锤子，一手拿羽毛。当两个物体被同时扔下后，它们同时落到了月球的表面。这证实了以往人们在地球上得出的结论：伽利略所阐述的所有物体在没有空气阻力的情况下，以同样的速度下落。由于月球上没有空气阻力，这种情况就可以完美地得以展示。

人在离开地球多远后才可以感觉不到重力的影响？

根据牛顿的万有引力定律，一个处在宇宙任何位置的物体都会感到地球的引力。然而，在离地球一定距离后，地球的引力将小到人感觉不到。在离地球大约 2 640 千米的地方，引力变为地球表面的 50%。在离地球 57.4 万千米的地方，引力仅达 1%，基本上已经达到了无重力状态；这个距离相当于 9 个地球半径，即 4.5 个地球直径。

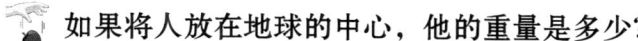

重力和引力

谁发现了重力？

亚里士多德和伽利略等物理学家提出理论并通过实验的方法去了解为什么物体向地

球表面下落。然而，是艾萨克·牛顿最终解释了重力。他意识到，宇宙中所有有质量的物体都相互吸引，重力是地球对物体的引力。牛顿还发明并完善了微积分用以证明自己的理论，并最终将其定义为万有引力定律。

是落到地面的苹果使艾萨克·牛顿发现了重力吗？

艾萨克·牛顿曾说他对重力的迷恋开始于1665年的一个秋天，当时他离开剑桥大学回到家乡伍尔斯索普镇躲避造成成千上万人死亡的瘟疫。为了躲避镇上的娱乐活动，更加专注于自己的研究，牛顿经常在附近的苹果园中冥思苦想。就在那里，一个苹果落在了他的脚边，让年轻的牛顿开始对重力进行思考。他想，为什么物体（比如说苹果）虽然没有同地面接触却受到地球的吸引呢？牛顿后来证明，将苹果吸引至地表的力和作用于月球使其绕地球旋转的力是同一种力。

艾萨克·牛顿爵士

物体为什么会下落？

地球上所有的物体都受到地球的吸引，因为所有具有质量的物体相互之间都存在万有引力。因此，具有巨大质量的地球和同样具有一定质量的苹果之间相互受到万有引力的影响，并向对方加速前进。为什么苹果向地球移动的距离比地球向苹果移动的距离大？原因在于地球比苹果具有更大的质量，它具有更大的惯性，更不容易向苹果移动。

万有引力定律是什么？

正如牛顿所述，万有引力是宇宙中任何有质量的两个物体之间相互吸引的力。这就意味着，地球上的任何一个人都会受到整个宇宙另一个人、物体、行星和恒星的吸引。我们没有向这些物体移动的原因是地球和我们之间的万有引力要远远大于其他人、物体，还有遥远的行星和恒星对我们的吸引力。

什么因素决定了两个物体之间的万有引力？

两个因素决定了两个物体之间有多大的万有引力。第一个因素是质量，两个物体的质量越大，万有引力就越大。第二个因素是距离。牛顿推导出，两个物体之间的万有引力和它们之间距离的平方成反比。物体之间的距离越大，万有引力就越小。

万有引力如何帮助人们发现了海王星？

根据牛顿的万有引力定律，人们可以算出在太阳和天王星之间有多大的万有引力。1846 年，在观测到天王星轨道与计算结果有微小差异后，法国天文学家于尔班·勒威耶用数学方法计算出引起天王星轨道摄动的太阳系第八颗行星的位置。同年，德国天文学家约翰·伽勒发现了太阳系第八颗行星——海王星，并发现它在太空中的位置与计算出的位置仅差不到 1°。

潮 汐 能

潮汐是由什么引起的？

潮汐是由月球和地球之间的引力作用造成的。月球的引力使海水受到轻微吸引。地球上离月球较近的部分受到更大的引力作用，在这个位置就会聚集大量的水，这就形成了高潮。另一个高潮区位于相反的方向，这个位置离月球最远。高潮是由地球和月球之间最近面和最远面的引力差造成的。低潮区是离月球既不是最远也不是最近的地方。有两个低潮区，同样处于地球相对的两端。低潮区的产生原因是大部分的水都流向了高潮区。

太阳作用在地球上的引力比月球大，那么为什么潮汐不是太阳引起的？

太阳对潮汐也有一定的影响，不过这种影响并不大。尽管太阳对地球的引力比月球对地球的引力大，但造成潮汐的原因是地球上不同区域所受引力的差异。太阳作用在地球远近面的引力差异并不大，因此，太阳对潮汐的影响很小。

潮汐是可以预测的吗？

潮汐是可以预测的。事实上，人们可以购买潮汐表，这对于在浅海中航行的人至关重要。如果人们知道了位置、日期和时间，就可以确定海水的深度。了解低潮和高潮对于成功的航行是极其重要的。潮汐绝不会在每天的固定时间发生。因为潮汐主要由月球的位置决定，而月球中心连续两次通过地球同一经度需要 24 小时 50 分 28 秒，所以潮汐每天发生的时间都依次向后延。

什么造成了潮汐高潮更高，低潮更低？

尽管与月球相比，太阳对潮汐起到的作用很小，但当地球、月球和太阳的位置成一条直线时，地球的近面和远面所受到的引力差比正常情况下大，结果作用在海洋上的潮汐能大得反常，并造成了更高的高潮和更低的低潮。这些潮汐被称作朔望潮，这种自然现象可以在满月或新月时观察到。当地球、月球和太阳不在一条直线时，人们可以在夜空看到部分月亮，这时作用在地球两个相反面的引力差并不大，这种不太强的高潮叫作小潮。

涨潮流和落潮流是什么？

涨潮流和落潮流是由潮汐能引起的。在一个地区形成高潮后，水需要流向邻近的区域形成新的高潮。向外流动、水位降低的潮流被称为落潮流。造成下一个高潮的上涨的潮流被称为涨潮流。每两次潮流的时间相隔 6 小时 12 分，即每两次高潮和低潮相隔的时间。

哪里能形成最大的潮汐？

地球上能产生最大潮汐的地区之一是加拿大的芬迪湾。形成最大潮汐并不是因为这个地区有强大的潮汐能，而是因为当水从海湾的两个区域汇集到一起时形成了漏斗作用。水汇集时产生的变化非常明显，高潮和低潮之间的水深变化可达 18 米。这种戏剧性的变化意味着一艘航行在海底上方 18 米处的船在 6 小时后会沉到海底。在芬迪湾的水手们需要密切关注潮汐表。

潮汐可以用于水力发电领域吗？

瀑布和大坝很早就被用来转动涡轮产生电能。尽管潮汐能形成转动涡轮的水流，但

▌ 加拿大芬迪湾的低潮

是潮汐形成的水流是逐渐形成的，这种水流不足以强大到使水力发电厂充分节能。然而，在位于法国北部的兰斯湖上，汹涌的潮汐可以在涨潮流和落潮流之间形成 28 英尺（约 8.5 米）的落差。兰斯河河口澎湃的海水产生了强大的水流，1966 年，法国在这里建立了水力发电站。

为什么湖水不会形成明显的潮汐？

内陆湖（指与海隔绝的湖）不会形成明显的潮汐。只有在湖的两个不同区域形成明显的引力差时才会形成潮汐。既然湖不可能从地球上的一侧延伸至另一侧，它不同区域形成的引力差就不足以引起明显的潮汐。

动 量 和 冲 量

动量是什么？

动量可以用来描述物体的惯性和运动，动量公式为 $P = mv$（动量＝质量 × 速度）。一辆小型汽车以 30 千米 / 小时的速度行驶，它所具有的动量比一辆以同样速度行驶的大型卡车小很多，因为卡车有很大的质量。在体育领域，动量是经常讨论的话题。美式橄榄球运动员经常看自己有多少动量。对于他们来说，质量大并不是唯一的优势，同时也要有较快的速度。运动员的动量大，想阻止他就很难。

冲量是什么？

冲量描述了动量的变化。为了改变物体的运动或动量，在一段时间内，需要有一个力作用在这个物体上。作用在物体上的力的大小和时间的长短决定了冲量对物体运动产生影响的大小。

为什么人跳起落下后双腿是弯曲的？

人跳起落下后，双腿一般是弯曲的。在落下的过程中产生了冲量，力的大小和时间的长短决定了落地时对腿的伤害有多大。因此，通过弯曲双腿，跳跃者延长了下落的时间，可以逐渐地下落，而不是猛然使身体变成静止状态，这就减小了腿和地面之间的作用力。如果双腿处于伸直和僵硬状态，跳跃者停止下落运动的时间就很短，落地后会受到更大的作用力并引起疼痛。无论用什么样的方式下落，冲量都是相同的。然而，通过改变与冲量相关的其他变量，跳跃者就不会遭受严重的髋关节和腿部的伤害，落地后就可以安全行走。

为什么棒球接球手的手套比传统的棒球手套有更多的填充物？

棒球手套里填充物的作用是延长球从运动状态到静止状态的时间，从而减少由球和手套碰撞所产生的力。通过延长碰撞的时间，力就减小到了可以忍受的程度。棒球接球手的手套比传统的棒球手套有更多的填充物，这是因为棒球投手投给接球手的球要比投给外场手的球具有更快的速度和更大的动量。所以，接球手手套需要更多填充物，延长球和手套的碰撞时间，减小冲力。

美国克利夫兰印第安棒球队接球手戴着有填充物的棒球手套接球。

有什么其他方法能将力逐渐减小以避免危险碰撞？

当我们经历某种碰撞时，就要与决定冲量的两个变量（力和时间）打交道。碰撞时，有力作用在我们身上，通过延长时间，我们就减小了作用在身上的力。下面的例子可以说明通过延长时间，我们将作用于身上的力逐渐减小并防止了伤害。

拳击手在接受训练时，教练会告诉他们在脸部受到对手攻击时，要与对手的拳头向同一方向运动。这意味着如果对手攻击了拳击手的脸部，拳击手的脸应该随着对手的拳头同时向后运动。这虽然延长了拳头和脸部的接触时间，却减小了作用在脸部的力，因而减弱了对手的击打效果。如果头部和颈部僵硬地挺直在那里，就会受到重重的一击。

汽车技术中可以看到增加碰撞时间以减小冲力的另一个例子。"溃缩区"是汽车框架的一部分被设计为在事故时可以发生挤压变形的结构。因为汽车框架发生了变形，比起不能变形的结构，受力停止的速度能缓慢一些，所以汽车与车内的驾驶员受到较小的冲击力。

安 全 气 囊

在汽车发生碰撞时，安全气囊起到什么作用？

当汽车前部遭遇碰撞时，它产生了推力和动量的改变。车内的司机和乘客因为惯性继续向前运动，直到仪表盘、安全带或安全气囊迫使他们停下。人撞击到仪表盘上受到的力是非常危险的，如果汽车在公路上快速行驶时发生碰撞，车内的人所受的来自仪表盘的力有巨大的破坏性。

安全气囊的作用是提供类似于缓冲的效果，可以使人由惯性产生的向前运动缓慢停止，而不会在强作用力下撞到仪表盘或挡风玻璃上。通过使用安全气囊，延长了车内的人由惯性产生的向前运动的停止时间，因此减小了作用在人身上的力。安全气囊和安全带共同防止了司机和乘客的死亡和重大伤害。

安全气囊是如何膨胀的？

汽车发生碰撞时会产生突然的推力和动量的变化，这就会触发传感器。这一过程将短暂的电脉冲传送到加热元件，从而引起化学反应。此时，安全气囊就会从转向盘和仪表盘后膨胀开来。在 0.05 秒之内，推进剂产生大量氮气，充满气囊，这保证了人在受到撞击之前气囊有足够的时间膨胀。在 0.3 秒之后，碰撞停止，气囊的气体也被排出。

最初设计安全气囊是什么时候？

最初提出使用安全气囊是在 20 世纪 60 年代。最初的安全气囊是为没有系安全带的质量 77 千克、身高 175 厘米的男性驾驶者设计的。在 20 世纪 70 年代早期，汽车业曾为是否应在车辆中安装安全气囊展开了争论。许多公司认为，儿童和个子矮小的成年人会受到气囊的伤害，他们认为强调的重点应该是让驾驶者系上安全带。

为什么人们还在讨论安全气囊的问题？

尽管安全气囊是许多新型交通工具中的标准设备，但是人们还是不断地讨论安全气囊的效果问题。如今的安全气囊是为中等身高的男性驾驶者设计的，而且安全气囊膨胀的位置位于人身体的中间部位。对于身材矮小的驾驶者和乘客，以 70 米 / 秒的速度膨胀的安全气囊，膨胀后位于他的面部和颈部，这种情况是极其危险的。

防止气囊伤害儿童要遵循以下几点规则：第一，永远不要让孩子坐在汽车的前排座椅上。第二，让孩子坐在远离气囊的后排座椅上时，确保他们系上安全带。如果孩子确实需要坐在前排座椅上，一定要确定有足够的安全措施，并调整座位使其尽可能远离安全气囊。

安全气囊将汽车前排座椅的婴儿模型全部盖住，这说明安全气囊对于儿童是危险的。

如何能使安全气囊对于各种体型的大众更为安全？

尽管大多数配有安全气囊的汽车在发生碰撞时能保证人们的安全，但是美国国家公路交通安全管理局还是对如何提高生存率提出了一些建议。第一条建议是希望汽车制造商能让驾驶员选择是否让安全气囊暂时失效。第二条是将安全气囊的膨胀体积减小约25%。膨胀体积减小后的气囊对于身材矮小的人来说更为安全。

智能安全气囊是什么？

几大汽车制造商都在设计更为安全的气囊，努力生产出市场上最安全的汽车。使气囊更为安全的方法之一是让气囊自动调节膨胀的速度。智能安全气囊用遍及车座的传感器确定乘客的位置、身高和重量。

汽车的侧气囊是什么样的？

1995 年，沃尔沃将侧气囊安装在样车中。作为一个可供选择的安全部件，侧气囊可以在汽车遭遇侧面的撞击时膨胀。侧气囊是至关重要的，因为它可以防止乘客头部和上半身撞到门上的金属和玻璃。侧气囊和车门中的侧面碰撞钢筋与正面碰撞时车前的气囊和溃缩区一样重要。

侧气囊是沃尔沃汽车享有"安全优先"盛名的原因之一。沃尔沃汽车最著名的安全特征是三点式安全带。其他"安全优先"的特征包括最早设计出前排座椅头枕、层压式挡风玻璃和侧面防撞杆。

火星上也用安全气囊吗？

也许到目前为止最贵的安全气囊是美国国家航空航天局为"探路者号"探测器设计和安装的安全气囊，花费了约 500 万美元。为什么"探路者号"在火星上需要安全气囊呢？尽管火星上不存在高速行驶的汽车会与"探路者号"发生碰撞，但"探路者号"在着陆时会与火星表面发生碰撞。火星的引力会将探测器急速吸引到行星表面。降落伞和火箭制动系统能够减慢探测器的下降速度，但是探测器仍会以 100 千米／小时的速度着陆，为了保护探测器需要 4 个半径为 2.4 米的安全气囊。"探路者号"与火星表面的碰撞时，安全气囊延长了时间而使探测器成功地着陆，并且减小了探测器所感知的碰撞。

动量守恒定律

动量守恒定律是什么？

根据动量守恒定律，整个宇宙的动量总值是固定不变的。在宇宙中，动量不会增加也不会减少，只会从一个物体转移到另一个物体。比如说，当一个质量为 50 千克的滑冰者以 2 米 / 秒的速度滑行时，他的动量为 100 千克·米 / 秒。另一个滑冰者在冰上呈静止状态，这个人的动量为 0 千克·米 / 秒。这两个人共有的动量为 100 千克·米 / 秒。不管他们是否会发生碰撞，动量的总值保持不变。100 千克·米 / 秒的动量可以在两个人之间转移。如果滑行的人撞到了静止的人，滑行的人的部分动量就会转移到静止的人身上。滑行者失去一部分动量，因为这部分动量被转移到静止者身上，然而这两个滑冰者动量的总和仍是 100 千克·米 / 秒。

火箭是如何利用动量守恒定律的？

发射火箭是一个动量守恒的例子。在发射时，火箭燃烧燃料并排出气体，因为火箭以很快的速度排出气体，所以气体具有巨大的动量。根据牛顿第三定律和动量守恒定律，火箭有大小相等、相反方向的力和动量。由于火箭比排出的燃料气体质量更大，火箭向上发射的速度要比气体的速度慢一些。

火箭向上加速，最终获得最大速度。火箭加速有两个原因。第一，在燃料还在燃烧时，火箭中的燃料在减少，这减小了火箭的质量，使其速度加快。第二，燃烧的燃料也提供了持续的动力，火箭就获得了越来越快的速度。一旦火箭离开了地球的大气层，它就进入了没有空气阻力的环境，此时，关闭火箭，火箭的有效载荷就可以恒定的速度行进了。

反 冲

开枪时的反冲是什么引起的？

火药的爆炸产生了巨大的力，使子弹加速从枪管中射出。根据动量守恒定律，子弹的动量一定与枪的动量大小相等，方向相反。尽管枪和子弹的动量值是相同的，但是与子弹相比，质量较大的枪移动的速度要慢很多。它以较慢的速度移动，不会产生太大的反冲使射手受伤。

射手如何减少受到步枪反冲伤害的危险？

在射击时，避免受到反冲伤害的方法是将步枪紧紧地抵住肩膀，并用双手握紧步枪。通过这种方法，枪和人成为一体，人的质量就成为这个整体的一部分。根据动量守恒定律，子弹和作用于子弹的物体的动量必须大小相等，枪和人一体时的质量大于枪本身的质量，在受到反冲作用时的速度就会减小。

抛 物 线 运 动

水平射出的子弹和在同样高度自由落体的子弹，哪个先到达地面？

这是一个著名的面向物理初学者的问题。比较典型的回答是自由落体的子弹先到达地面，因为它到达地面的路程短。这个答案尽管看起来合乎逻辑，却不是正确的答案。事实上，这两颗子弹将同时落地。地球上的所有物体都受到地球引力的作用，在没有其他垂直方向上的力的情况下，以 9.8 米／秒^2 的加速度加速下落，这意味着所有物体以同样的速度下落。如果一颗子弹除了一个水平速度外，还具有由重力引起的向下的加速度，那么它会在向前运动过程中下落——它仍然以 9.8 米／秒^2 的加速度下落，与同样高度下落的子弹有相同的加速度，所以两颗子弹会同时落地。所不同的是，水平射出的子弹还会在水平方向行进一段距离。

左面的频闪观测器照片展示了两个球下落的图

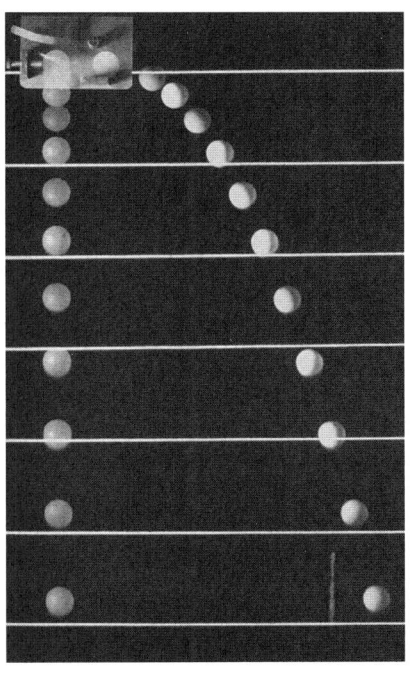

从某一高度开始，自由落体的球和同时以水平方向抛出的球同时落地。

片，其中一个是自由落体的球，而另一个是在下落的同时还具有水平速度的球。请注意每个拍摄瞬间，两个球下落的距离是相同的。

飞机投掷炸弹的最佳时间是什么时候？是在飞机到达目标之前，还是飞机位于目标之上时，还是飞机越过目标之后？

飞机投掷炸弹的最佳时间是在飞机离目标有一段预先确定的距离时。根据惯性定律，在炸弹下落的同时，它还具有与投掷炸弹的飞机相同的向前行进的速度。因此，为了让炸弹能准确地投掷到目标上，炸弹必须在飞机到达目标之前的一定距离处投掷。

大炮以什么角度发射炮弹才能达到最大射程？

如果没有空气阻力，大炮的最佳发射角度是 45°。以这个角度发射能达到最大射程，因为这样炮弹就处于水平路径和垂直路径所成角度的正中位置。水平路径是炮弹被发射后水平方向所行进的距离，而垂直路径是炮弹发射上升到一定的点后下降时所行进的垂直方向的距离。以 45° 角发射，水平分力给炮弹足够的向前的运动，而垂直分力给炮弹足够的高度让其短暂地停留在空气中。

空气的阻力对炮弹的最佳发射角度产生什么样的影响？

在炮弹的运动过程中，空气摩擦带来阻力。如果考虑到正常的空气阻力（没有风），能让炮弹达到最远射程的最佳角度是水平向上 35°。

轨 道 运 动

为什么有的物体可以沿某一轨道绕地球旋转？

正如牛顿所描述，如果给炮弹足够的水平或侧面速度，它也可以绕地球旋转。由于万有引力的作用，地球附近所有的物体不断地向地球表面下落。如果给炮弹一个水平方向的力，它的下落运动与相应的水平方向的运动相结合，那么在它下落到地面之前它一直在做曲线运动。如果给炮弹的力足够大，它就会沿着特定的轨道绕地球旋转。

人造卫星是绕地球旋转还是朝地球下落?

人造卫星和上一个问题中的炮弹一样,在自由落体的同时,有一个非常大的水平速度。尽管人造卫星不断向地球下落,但是巨大的水平速度使它以曲线绕地球行进,因此它不会与地球相撞。所以,人造卫星既朝地球下落,又绕地球旋转。

当宇宙飞船绕地球旋转时,宇航员真的处于无重力状态吗?

当人从高处(比如梯子上)跳下自由落体时,在下落到地面以前,都处于失重状态。因此,感觉不到重力并不意味没有重力。如果你不理解这个观点,可以设想自己正在下落,下落时将秤放在脚下,秤上显示的数字是 0。同理,在宇航员做自由落体运动时,虽然重力仍然作用在他们身上,但是因为没有地面或者其他支撑结构支撑起宇航员,所以他们感觉像是没有重力一样。

使棒球绕地球旋转,需要多快的速度?

使棒球绕地球旋转是不可行的,因为空气阻力、高建筑物以及山脉会阻碍其运动。然而,如果不考虑空气阻力、人造或自然障碍和是否有人能将球以此速度投出等问题,棒球如果以 7.9 千米 / 秒的速度飞行就可以绕地球旋转。

航天飞机绕地球旋转时海拔高度是多少?

为了使航天飞机更有效率地绕地球旋转,它必须避免地球大气层的空气阻力。因此,航天飞机和大多数的人造卫星一样,在海平面上约 200 千米处绕地球旋转。在这个海拔高度,航天飞机绕地球旋转一周需要 1.5 小时。要改变这个时间是非常困难的,因为重力在其中起到了决定性的作用。如果航天飞机减慢飞行速度,它就没有足够的水平速度,在这种情况下,

宇航员布鲁斯·麦坎德利斯在"挑战者号"航天飞机附近飘浮。

它就会撞到地球表面。如果航天飞机加快飞行速度，它就会在椭圆形的轨道上运动；如果速度再快一些的话，它会以抛物线形的运动轨迹远离地球飞向太空。

逃逸速度是什么？

要离开地球，飞向太空，航天探测器必须在短时间内达到 11.2 千米／秒的速度。任何想离开地球轨道的物体必须达到这个速度，这个速度被称为逃逸速度。如果一个航天探测器在绕地球旋转的过程中达到了这个速度，那么它就具有足够的能量来克服地球引力。这时，航天探测器就会像弹弓上的石子一样出现抛物线形的运动轨迹。

要"逃离"太阳系中的行星，物体要达到的逃逸速度分别是多少？

下表是太阳系中各行星的逃逸速度：

行 星	逃逸速度（千米／秒）	行 星	逃逸速度（千米／秒）
水 星	4.3	木 星	60.2
金 星	10.4	土 星	36.0
地 球	11.2	天王星	22.3
火 星	5.0	海王星	24.9

第一个离开太阳系的航天探测器是什么？

第一个离开太阳系的航天探测器是美国国家航空航天局 1972 年发射的"先驱者 10 号"航天探测器。"先驱者 10 号"被用来观测太阳系最外围的行星。在经过了海王星的轨道之后，它在太空中进行无引导航行。它是第一个离开太阳系的人造装置。

航天探测器是如何穿越太阳系的？

航天探测器不可能携带足够的燃料推动其穿越太阳系。它在太空中航行靠的是自身的惯性和行星的万有引力。只有在启动电脑和航行系统时，航天探测器不依靠太阳能，而是依靠电能——由放射性同位素的衰变生成的热量产生航天探测器所需要的电。探测器通过利用其他行星的万有引力所形成的势能和动能来加速，从而使自己穿越太阳系。

圆周运动

向心力是什么?

向心力是维持物体做圆周运动的力。所有沿着圆周或曲线轨道运动的物体都受向心力的作用。使一串钥匙绕绳旋转的力是绳子的向心力,指向圆周中心的向心力使钥匙做圆周运动,如果没有向心力,钥匙就会做直线运动而不会旋转。

向心力的公式是 $F = mv^2/r$,即向心力等于质量乘以速度的平方再除以半径。

唱片的外圈和内圈,哪个转得更快?

这个问题有两种回答方式。一种是唱片的外圈和内圈以同样的速度旋转。外圈和内圈转圈的起始点和终止点都是同一点,并且旋转一周所用的时间相同。这种测量方法叫作角速度测量法。角速度是由唱片在特定时间内旋转的周数决定的。

另外一种方式是测量线速度,即一段时间内旋转的路程。圆的几何学性质决定唱片的外圈比内圈的周长更长。因此,唱片外圈要比内圈旋转得更快,因为在时间相同的情况下,外圈旋转过的路程比内圈要长。

在过山车倒悬时人们为什么不会掉下来?

无论是哪种形式的圆周运动,都存在向心力。比如说,地球的引力作用在月球上,这个向心力和月球的切向速度使月球在几乎是圆形的轨道上绕地球旋转。

当过山车在轨道上旋转时,它也受到了向心力的作用,该向心力是重力和车轨的支持力的合力。这种力防止乘坐者飞离轨道。虽然做圆周运动的物体的速度沿圆的切线方向,但向心力指向圆的中心。这一原理使过山车能够倒过来行驶。

▌过山车倒转回旋

离心力是什么?

实际上离心力并不是力,它是人们在做圆周运动时的一种感觉。做圆周运动时,人觉得受到向外的推力,这种推力使自己远离圆的中心,但实际情况并非如此。惯性使人保持与圆形轨迹相切的方向运动,而向心力又将人朝圆的中心拉过去,阻止人以直线路径离开圆周。离心力只是一个虚拟的力。

为什么要设计斜面以帮助汽车转弯?

在高速公路的出口岔道和赛车跑道上,车在快速行驶的情况下,转弯是非常危险的。在这样的路上,经常建造一些倾斜的路面,向中心略微倾斜。

根据惯性定律,当汽车快速行驶时,它有保持这一速度的趋势。高速行驶的汽车在水平路面上转弯时,向心力是路面对轮胎的摩擦力。然而,如果有斜面存在,向心力就不仅仅是路面的摩擦力,而且还有路面的正交力和支撑力。这些力使汽车转弯时能够朝圆周的中心改变方向,阻止快速行驶的汽车偏离道路。

戴托纳国际赛道上的斜面可以帮助转弯的赛车不偏离赛道。

倒着旋转水桶时,里面的水为什么可能不流出来?

如果水桶倒着做圆周运动,里面的水似乎会因为重力而流出。然而,如果转动的速度足够快,水桶中的水就会在受到向下的重力的同时具有足够快的水平速度,水不会流出。这个例子与为什么人造卫星绕地球旋转以及我们为什么能在过山车倒悬时不掉下来原理相同。

为什么飞机转弯时需要向内倾斜?

飞机在空中转弯时,升力(使飞机保持在空中的力)必须指向圆周的中心,升力的一个分力是使飞机转弯的向心力。一旦飞机完成了转弯,它就回到原有的水平位置,这时,升力垂直朝上作用于飞机。(更多流体和飞机的信息,参见"流体"一章。)

在未来的空间站中,圆周运动和向心力能起到什么作用?

一个圆形的空间站将以特定的速度旋转来产生一个人工的重力场。在旋转空间站中的宇航员有以圆周切线方向的速度偏离空间站的倾向,而空间站的向心力阻止这种事情的发生。在向心力和惯性的双重作用下,宇航员会觉得自己粘在空间站上。在这个事例中,空间站壁起到了地面的作用,宇航员就可以在壁上行走,就好像在地面上行走一样,因为和在地面上行走的情形一样,身体被力吸在这个平面上。空间站的圆形结构可以使宇航员在圆形的墙上行走,就好像我们在地球上绕着地球外围的圆形轨道行走一样。如果半径和转动速度正确,可以因为人工重力而产生 9.8 米/秒^2 的人工加速度。

艺术家描绘了旋转空间站内部的情况:由向心力和惯性模拟重力。

这幅画展示了旋转空间站外部的情况。

旋转运动

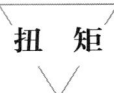

扭 矩

扭矩是什么?

扭矩是作用在物体上、引起物体转动的力矩。扭矩被用来打开房门、拧螺丝、旋转轮子和坐跷跷板。力尽管作用在这些物体上,但是没有使物体沿直线加速度,而是使其旋转。

将作用在物体上的力和力与旋转轴之间的距离相乘就能得出扭矩的大小。比如说,如果有 50 牛顿的力被作用到了门上(通过推门把手),这个力与旋转轴(铰链)之间的距离是 1 米,那么用来开门的扭矩是 50 牛顿·米。

力臂是什么?

力臂是旋转轴与受力点之间的距离。在上述的例子中,力臂是铰链(旋转轴)与门把手(受力点)之间的距离。扭矩是作用在物体上的,结果就会产生杠杆作用;杠杆作用中,力矩就是力乘以力臂的长度。

为什么长的扳手能更容易地打开坚果?

长的扳手有长的力臂,因此在打开坚果的过程中能够提供更大的扭矩。增大的扭矩意味着比起短的扳手,长扳手只需要较小的力就能将坚果打开。

为什么门把手要安装在离铰链尽可能远的位置?

将门把手安装在离铰链尽可能远的位置是因为人在开门时,可以不用费力就将门打开。比如说,如果要打开一扇 1 米宽的门需要 50 牛顿的力。如果门把手安装在门的中间(离铰链 0.5 米远),人就得将 100 牛顿的力作用在门把手上把门打开。然而,如果门把手安装在门的外沿(门把手通常安装的位置),这个人只需要使用 50 牛顿的力就可以将门打开。两种情况下的扭矩都是 50 牛顿·米,但将门把手安装在门外沿时使用的力是门把手安装在门中间位置时的一半。

旋 转 惯 性

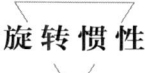 **旋转惯性与惯性有什么区别?**

惯性是反抗改变其原有运动状态的性质。旋转惯性也被称作转动惯量。正如普通惯性(在没有外力作用的情况下,静止的物体有保持静止状态的倾向,运动着的物体有保持匀速直线运动的倾向)一样,旋转的物体将持续旋转,直到有扭矩改变其旋转运动。旋转惯性与惯性的原理一样,区别在于它是使物体保持旋转的惯性。

如何测量旋转惯性?

惯性是由物体的质量决定的,而旋转惯性不仅仅由质量决定,而且还与物体相对于旋转轴的位置有关。旋转惯性与物体离旋转轴距离的平方成正比。

为什么花滑运动员将手臂和腿收拢在一起时旋转得快?

如果花滑运动员将手臂和腿伸开的话,他的部分质量就远离了旋转轴,这种做法增大了旋转惯性,花滑运动员的旋转速度就会非常慢。如果将手臂和腿收拢在一起,质量就更靠近旋转轴,在旋转惯性减小的情况下,花滑运动员就能更快速地旋转。

花滑运动员关颖珊旋转时将手臂收拢在一起。

角 动 量

角动量是什么?

线动量(线性动量)是物体质量与速度的乘积,而角动量是物体质量、速度与旋转半径的乘积。守恒定律也适用于角动量,即角动量不能增加或减少,只能从一个旋转的物体转移到另一个物体上。

为什么猫从高处落下时总用爪子着地？

众所周知，当把猫背部朝下从高处扔下时，猫总能用爪子着地，尽管猫最初并没有旋转。这个问题仍涉及旋转运动和角动量。很多人错误地认为是尾巴让猫在下落时旋转。可是没有尾巴的猫还是可以在空中旋转并用爪子着地，与有尾巴的猫一样容易。

当背部朝下被扔下时（最初没有旋转），猫的角动量为零，而且在整个下落过程中保持角动量为零。在下落的第一阶段，猫伸展后腿，收起前腿。因为这种方式可以使猫的后半身比前半身有更大的转动惯量，前半身就会更快地以逆时针方向旋转，而后半身却以顺时针方向缓慢地旋转，这样就可以将角动量保持为零。当猫的前半身到达适当位置后，它采用同样的策略，但是这一阶段，猫的前腿伸展，后腿收起，后半身的转动惯量就比前半身小。最后，猫四爪着地，并始终将角动量保持为零。

▌ 频闪观测器显现的猫用爪子着地的照片

陀 螺 仪

陀螺仪是什么？

典型的陀螺仪是一个球状或圆盘状物体，它可以朝任何一个方向旋转，且摩擦力很小。陀螺仪经常被用来解释和证明旋转惯性定律，用它可以说明一个旋转的物体会保持旋转状态直到有外部的扭矩改变它的旋转。地球就是陀螺仪的极好的例子，它不停地绕轴旋转并将永远旋转下去，直到有外部扭矩改变它的运动。孩子玩的陀螺是陀螺仪的另一个例子。当陀螺旋转时，它会持续以垂直方向旋转，

▌ 陀螺仪

直到陀螺尖与地表的摩擦力产生较大的扭矩，改变它的运动——这意味着陀螺不再是垂直地旋转，而是有略微的倾斜，它持续这种状态直到摩擦力减慢旋转速度导致陀螺顶部撞击到地面为止。

陀螺仪运动有什么其他例子吗？

旋转的地球和玩具陀螺是陀螺仪的典型例子。人们在日常生活中经常应用陀螺仪运动。比如说，当橄榄球像陀螺仪一样旋转时，更容易被投掷。当球以陀螺方式被投掷时，它在整个过程中都会保持相同的方向。如果橄榄球的前端是倾斜的，那么它被扑到的时候前端仍是倾斜的。从枪口射出的子弹也是旋转的，通过旋转（从而获得的陀螺仪特征），子弹能在空气中保持预计的轨道击中目标。

陀螺仪有什么用？

除了子弹、橄榄球、玩具陀螺和地球之外，陀螺仪还有很多其他用途。被叫作旋转罗盘的陀螺仪在飞机、船、火箭和导弹的航行和导航系统中起到了重要作用。旋转罗盘指向真北（而非磁北）。磁罗盘靠近电气设备时，会受到磁力的影响产生偏差。而旋转罗盘依靠旋转惯性和扭矩提供准确的读数，它不会受到磁力的影响。旋转罗盘测定某一固定航线的变化，可以向导航系统发出信号。有时，它也可以通过测量来帮助稳定汹涌海水中的船只。

自动导航系统是如何利用陀螺仪的？

飞机上的自动导航系统通常使用不止一个陀螺仪，很多陀螺仪同时工作，帮助自动导航系统确定飞机的位置和目的地。垂直方向的陀螺仪通过制造一条模拟水平线来测出俯仰（仰飞还是俯飞）和旋转（左倾还是右倾）。模拟水平线是一条垂直的直线，用来标志自动导航系统以其自身为参照测量出的水平面。另外还有一套陀螺仪用来确定飞机的方位和航向。这种方位陀螺仪与许多船上使用的旋转罗盘类似。控制自动导航装置的计算机决定怎样针对不同的航向做出反应和相应的调整。

自行车是如何保持直立的？

任何一个会骑自行车的孩子都会告诉你，行驶中的自行车更容易保持平衡。物理学家告诉你这和车轮的旋转惯性以及陀螺仪运动有关。自行车轮胎像陀螺仪一样运动，它绕着一个摩擦相对较小的轴旋转，在摩擦使它减速直到停下之前，它会一直旋转。在运动过程中，轮胎越大，其旋转惯性就越大，在受到外部扭矩时就越不容易翻倒。如果自行车的车架向左倾斜，它的前轮会自动向左行驶来尽量使自行车保持直立（因为如果前轮不这么转，自行车和骑车人都将摔倒）。转弯时通过倾斜车身的方法，能在急转弯时使自行车保持稳定。

第3章
功、能量和简单机械

功

功是什么?

在日常用语中,做功就是消耗能量去完成某事。在物理学中,消耗的能量是施加在某个物体上的力,物体受到力的作用在这个力的方向上发生移动,其结果是物体移动了一段距离。用简单的数学公式描述就是功 = 力 × 距离。

焦耳是什么?

焦耳是功和能量的常规单位,是以19世纪英国物理学家詹姆斯·普雷斯科特·焦耳的名字命名的。焦耳是功的公制单位。1焦耳被定义为1牛顿的力作用在物体上,使物体移动1米的距离所做的功,其中力的方向与物体移动的方向是一致的。

功和能量有什么区别?

功和能量之间实际上并没有太大的差异。为了做功,物体必须具有能量;而为了具有能量,物体必须被做功。

功　率

如果物体移动得更快，那么做功的总量增加了吗？

如果一个人用 10 牛顿的力去移动一个物体，使它在 10 秒的时间里移动了 10 米的距离，那么他做了 100 焦耳的功（力 × 距离 = 功）。如果这个人在 5 秒内完成这件事，那么虽然做功的总量是相同的（100 焦耳），但他的功率是原来的 2 倍。功率的定义是功除以做功所用的时间，表示做功的速度有多快。功率的单位是瓦特，是以詹姆斯·瓦特的名字命名的。

汽车、摩托车和割草机的发动机的功率是用马力来计量的。马力是什么？

如果要购买一台有发动机的机器，那就应该知道这台机器是否具有足够大的功率来完成工作。在美国，大部分发动机的排量是其功率的标准，而功率输出则用马力来度量。测量马力有 3 种不同的方法。在美国，测量马力的标准方法是"制动马力"，这种方法是用发动机在最佳性能时产生的功率减去因高温、发动机膨胀及摩擦所损失的功率。

测量马力有哪些其他方法？

虽然在美国销售的大部分发动机和其他大功率机器是用制动马力来测量的，但还有另外 2 种表示发动机功率水平的方法。

一种是通过测量发动机在一段较长的时间产生的功率。时间因素是非常重要的，因为发动机或许能产生较大的功率，但它可能不会长时间地保持在这个水平。

另一种方法是简单地标明发动机的理想输出功率，不考虑转化为热能的那部分能量——对发动机来说，热能是无用的能量形式。

普通人具有多少马力的功率？

1 马力相当于 735 瓦特的功率。普通人在几分钟内平均能产生 1/3 马力（245 瓦特）的功率，而在较长的时间里只能产生 1/10 马力（73.5 瓦特）的功率。

❡ "马力"这个术语出自哪里?

"马力"这个术语来源于苏格兰发明家詹姆斯·瓦特。1 马力的值是瓦特在进行了几次马拉煤的实验后确定的。他最初确定一匹普通的马每分钟拉煤能做 2.2 万英尺磅（约 3 万焦耳）的功，换句话说，1 马力被定义为 1 分钟内将 2.2 万磅（约 9 979.2 千克）煤移动 1 英尺（约 0.3 米）的功率。瓦特对他测得的这个数字并不满意，因为他觉得这个数字太小了，他认为马的力气应该更大一些。又对马做了大量研究之后，他把 1 马力的值增加到 3.3 万英尺磅 / 分钟（约 745.7 瓦特）。这就是英制马力的来源。公制马力则比英制马力稍小一些。

能量守恒定律

❡ 乘电梯上升时，增加的是什么类型的能量?

当电梯发动机对电梯和电梯里的乘客做功时，它给予他们能量。特别是当电梯和电梯里的人上升时，他们产生重力势能。这种能量是潜在的，因为如果电梯钢缆断掉，那么电梯和电梯里的人有下落的可能。这种类型的能量是由重力造成的，当钢缆断掉时，地球的万有引力会使电梯和电梯中不幸的乘客加速落向地面。

❡ 当电梯急剧下降时，电梯里的人能获得什么类型的能量?

势能取决于物体的重量以及物体距离地面的高度。物体所在位置越高，它的势能就越大。当物体下降时，重力势能会转化为动能。因此无论电梯从高处急剧下降还是缓慢下降，电梯都会在失去高度和势能的同时获得动能。动能等于质量的 1/2 与速度的平方相乘。

❡ 能量守恒定律如何应用在下降的电梯上?

在前面的下降电梯的例子中，电梯及其乘客的能量逐渐从势能转化为动能。尽管在电梯下降的整个过程中，能量的形式在改变，但是电梯和乘客的总能量（即势能与动能的和）是固定不变的。当电梯下降时，速度和动能增加，而势能在减少。

能量守恒定律是什么?

在整个宇宙中，能量的总量是固定而不会改变的。能量守恒定律特别指出：能量不能被创造也不能被消灭，只能从一种能量形式转化成另一种能量形式。换句话说，能量的总量是固定不变的，我们确实不可能耗尽能量。当我们使用能量时，实际上就是把它转化为另一种形式。在宇宙中的能量总量是不变的。

守恒定律——能量守恒定律、动量守恒定律，是现代物理最基本的定律。现代物理包括相对论、量子力学等等。

简 单 机 械

我们如何才能使做功更容易?

机械不会减少我们的做功总量，而只会使做功更容易。在工程学和物理学领域，有4种类型的简单机械，这些机械在很久以前就被人们所认识，并且现在仍是所有机械的基本形式。

功 = 力 × 距离。机械被用来减少需要施加的力，但在该过程中，物体移动的距离增加了。

机械利益是什么?

机械利益是一个指标，用来标示使用机械可以节省多少力。如果在对物体做功时，某个机械使你只用平时力的一半就达到了目标，那么这个机械的机械利益就是2。如果通过机械只使用了原来力的1/3，其机械利益就是3。如果机械没有减少力和距离，那么它的机械利益就是1。如果一个机械的机械利益小于1，那么它增加了所需的力而减少了需要移动的距离。

没有机械利益的机械仍然有用吗?

一些机械的机械利益是1，就是说，这些机械既没有减少需要的力，也没有减少移动的距离。这样的机械仍然是有用的，因为它们可以改变力和运动之间的方向。例如，单个滑轮不会减少抬起物体所需的力，也不会减少物体需要提升的距离，但它使人能够从下方拉起物体，而不必将其抬起。

🌀 为什么需要会增加所需力的机械？

机械利益比 1 更小的机械是非常有用的，因为这样的机械虽然增加了做功所需要的力，但只需要移动一段很短的距离。因此，它们比机械利益更大的机械做功更快。

🌀 4 种简单机械分别是什么？

1. 斜面；
2. 杠杆；
3. 轮轴；
4. 滑轮。

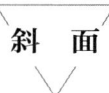

斜　面

🌀 斜面机械有什么实例？

当人试图抬起很重的物体时，斜面机械是非常有用的。例如，搬运工把重物装进卡车时，不是直接抬进去，而是使用斜面机械。通过使用斜坡（斜面机械的一种），搬运工能把物体沿着斜坡拖上去；尽管在斜坡上走过的距离比直接把物体抬进卡车的距离长了很多，但所需的力却小了很多。虽然使用的力减少了，但因为所经过的距离更长，所以所做的功与直接将物体抬进卡车所做的功是一样的。

🌀 谁第一个把斜面作为简单机械使用？

没有人确切知道是谁发明了斜面机械，但人们都相信古埃及人在建造金字塔时使用了斜面工具。一些历史学家认为当时人们使用的斜坡的长度超过了 1 千米，这样劳工们才能拖拽重达几百吨的巨大岩石。尽管搬运的距离变长了，但需要的力却明显减小了，这对于搬运工来说容易了很多。

搬运工使用斜坡可以减轻劳动强度。

　　有趣的是，另一些历史学家则坚决认为古埃及金字塔的巨石是利用杠杆原理搬运上去的。坚决认为使用了杠杆的历史学家拒绝接受斜面理论，因为他们相信在某种程度上，比起建造金字塔本身，建造斜坡需要更多的精力。比如，伟大的胡夫金字塔所需的斜坡材料是建造金字塔本身所需材料的很多倍。建造土垒斜坡存在的问题是为了使这个斜坡保持牢固，所需的材料体积大约是斜坡高度的 3 次方。

楔子是简单机械吗？

　　楔子是可移动的斜面。凿子、刀，以及木匠使用的刨子和斧子都是楔子的实例。楔子可以只有一个斜面，比如木匠的刨子；也可以有两个斜面，比如刀刃。

螺丝是什么类型的简单机械？

　　螺丝刀是一种工具（参见本章的"轮轴"部分），螺丝也是。如果把螺丝的边从其轴上展开，就会展现出一个长的斜面。

　　螺丝主要有两种用途。第一种是将多个物体固定在一起。简单的例子包括木螺丝和金属螺丝，以及瓶子、瓶盖上的螺丝。第二种是对物体施加力。老虎钳、压平机、夹钳、活动扳手、手摇钻和开瓶器中的螺丝是这种用途的实例。

当一个力被作用在螺丝帽上时，这个螺丝就是一个简单机械。例如，一个人可以通过旋转螺丝刀来给木螺丝施加力。这个力通过螺丝的螺线部分向下传递到螺丝的尖端。螺丝尖进入木头的运动是机械的阻力造成的。螺丝刀每旋转一周，螺丝尖只进入木头一个螺纹的距离。相邻的两个螺纹之间的距离叫作螺距。螺距越小的螺丝（即螺纹之间离得更近），机械利益越

各种类型的螺丝都是根据旋转斜面的原理制成的。

大，螺丝更容易被拧进木头里，因为这样的螺丝旋转次数更多——也就是更大的距离，其结果是需要更小的力就可以将它拧进物体中。

 谁发明了螺丝？

阿基米德研究并发展了数学，从而计算出杠杆的机械利益。他还发明了阿基米德螺旋泵（斜面和现代螺旋的前身），这是一种能从水塘和水井中抽水的机械。通过反转螺丝的运动，尘土、岩石和水等物质能沿着螺旋的斜面向上移动。这就类似于螺丝和钻头在反转时带出锯末。

杠　杆

 杠杆是什么？

杠杆是一种简单机械，由一根在支点处支撑的刚性杆组成。一个力作用在杠杆的一端，以移动某个物体；作用在杠杆另一端的力叫阻力。常见的杠杆实例是撬棍，它被用来移动像石块这样的重物。使用撬棍时，将其一端放在石块下，杠杆被支撑在靠近石块的某个点（支点）上。然后人

用撬棍移动大石块

在撬棍的另一端施加力，将石块撬起。

"运动"一章阐明了在离支点或旋转轴尽可能远的地方施加一个力能增大扭矩。因此，一个人在移动物体时，使用的杠杆越长，他需要施加的力就越小。如果使用的杠杆足够长，再重的物体也能被移动。

关于杠杆，阿基米德说过什么名言？

公元前 3 世纪，阿基米德在做关于杠杆的实验时曾说："给我一个支点，我可以撬动整个地球。"他指的是用杠杆撬动地球。在理论上，这是可行的：如果有一根足够长的杠杆和一个位于地球之外的支点，人是可以撬动地球的。

第一类杠杆是什么？

第一类杠杆是指支点在施力点与受力点之间的杠杆。第一类杠杆由一个使用者施加力的力臂、一个被称为支点的枢纽点和一个所要举起或移动的物体所在的阻力臂共同构成。例如，孩子们玩的跷跷板就属于第一类杠杆。当一个孩子坐在跷跷板上升时，他坐在阻力臂上；而脚在地面上的孩子正坐在力臂上。其他第一类杠杆包括船桨和撬棍。

剪刀是杠杆吗？

剪刀实际上是两个第一类杠杆在同一支点上同时工作。对剪刀来说，每一片刀刃都是一个杠杆，当力作用在剪刀的把手上时，这两个杠杆在同一支点上转动。接近彼此时，就能用它们锋利的边缘剪开东西。

第二类杠杆是什么？

第二类杠杆是施力点与受力点在支点同一侧，并且受力点在施力点与支点之间的杠杆。第二类杠杆的一个例子就是中国人发明的独轮车。在这个例子中，支点是轮子，受力点是车上的货物，施力点是车把。

第三类杠杆有哪些例子？

同第二类杠杆一样，第三类杠杆的施力点和受力点也都在支点的同一边，但在第三类杠杆中，受力点离支点的距离要比施力点离支点的距离更远。这样会产生一个小于 1 的机械利益。这样虽然会需要更多的力，但加快了杠杆的速度。与使用第一类杠杆可以更容易地抬起物体不同，使用第三类杠杆可以使手移动更短的距离。

第三类杠杆的例子包括鱼竿，阻力来自鱼，施力点（钓鱼者的手）离支点的距离更近。在这个例子中的支点就在鱼竿与钓鱼人身体接触的部位。另一个第三类杠杆的例子是棒球棒。支点在球棒的尾部，手离支点非常近，而在球棒击球时，阻力臂快速地移动，以将球打出。

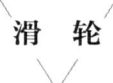

滑 轮

滑轮是什么？

当无法利用斜面将物体升高到一定高度时，可使用一组滑轮以获得机械利益。滑轮是边缘上缠着绳子的轮子，轮子的中心有一个轴承。

古代亚述人会使用单个的定滑轮将物体提升到屋顶。使用单个的定滑轮没有机械利益，但却可以让人从下方向上拉物体，而不是向上推或从上方提物体。单个的定滑轮改变了力的方向。

古希腊人和古罗马人是如何提高滑轮的机械利益的？

古希腊人和古罗马人使用缠绕在一根绳子上的多个滑轮，以便用更少的力量来提升物体。通常情况下，滑轮的数量越多，机械利益就越大。在一个十分简单的装置中，古罗马人使用 5 个滑轮使机械利益达到了使用 1 个滑轮时的 5 倍。这种多滑轮装置被称为滑轮组。

为了更好地调整滑轮组装置，古代的工程师建造了机械起重机，将起重机连接到顶

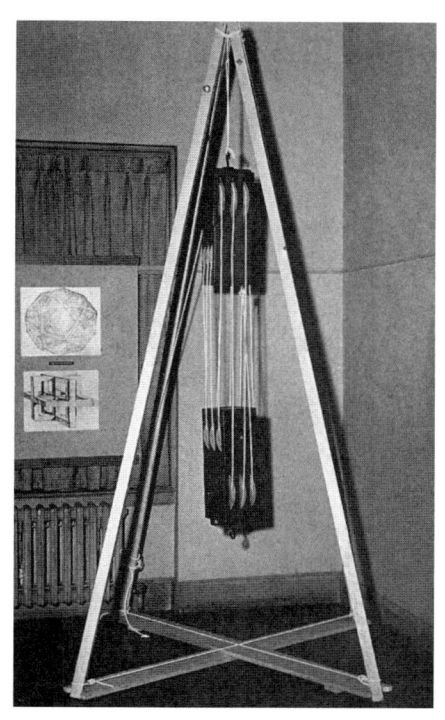
循环滑轮组

部的滑轮上，可以将物体提升得比建筑物屋顶还要高。阿基米德甚至还设计了一艘配备滑轮组装置的帆船，船长一人就能独自驾驶。

轮　轴

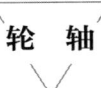 **轮轴是什么？**

轮轴是一个圆盘被固定在一根中央杆上，这根杆被称为轴，圆盘能绕着轴进行旋转。汽车里的转向盘是一个轮轴。我们握在手中并提供扭矩的部位叫作转向盘，它转动着较小的轴。轮的直径相对于轴的直径越大，机械利益就越大。

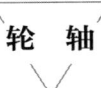 **轮轴是什么时候发明的？**

历史学家认为，在公元前 1 世纪到公元前 2 世纪，欧洲人可能最先发明了旋转石磨。这个装置由一根与轴相连的曲柄构成，用曲柄转动一个圆形磨盘来磨谷物。这种旋转石磨是轮轴机械的先驱。

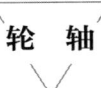 **螺丝刀是什么样的轮轴？**

不使用任何工具徒手松螺丝是十分困难的，甚至几乎是不可能的。螺丝刀通过为旋转提供更大的扭矩来辅助这一过程。螺丝刀的柄（最好是粗一些的）是轮，而金属杆是轴。螺丝刀柄的直径越大，紧螺丝或者松螺丝时所需的力就越小。

齿　轮

 **踏车是什么？**

轮轴发明后不久，欧洲各地的磨坊就开始使用踏车。踏车要求一个人或者几个人站在我们今天称之为松鼠轮的装置里。松鼠轮原本是用来让啮齿目宠物锻炼的圆轮。改良的松鼠轮被水平放置，因此人在行走时能保持直立。与轮子相连的轴是水平的，但为了磨谷物，轴必须是垂直的，以便转动磨盘。因此，人们发明了齿轮。人们使用轮轴是为

了利用机械利益，与此不同的是，使用齿轮的目的是改变方向。有了齿轮，人们就能利用踏车来提高磨谷物的效率。

谁对齿轮进行了研究？

1世纪时，埃及亚历山大的古希腊工程师希罗在一本名为《机械集》的书中详细描述了当时已知的各种类型的齿轮。希罗还是第一个发明原始蒸汽机的人，他在几何学领域也有一些突破。

▌踏车

齿轮是什么？

齿轮是轮轴的副产品，在机械中能产生巨大的机械利益。齿轮除了能像最初在磨坊中那样改变轴的方向之外，还能成倍地放大力，甚至运转精致的计时装置。

齿轮由带有齿的轮子构成。一个齿轮系统的机械利益是由被驱动轮的齿数除以驱动轮的齿数来确定的。为了增加机械利益，驱动轮要比被驱动轮小，驱动轮上的齿数要比被驱动轮上的齿数少。这种是减速齿轮。加速齿轮的机械利益小于1，但同时会加快齿轮系的速度。加速齿轮中，驱动轮必须比被驱动轮大，并比被驱动轮拥有更多的齿数。虽然这样的齿轮系统不够有力，但是速度会更快。

安提基特拉机械是什么？

安提基特拉机械是个机械日历，由25个相互连接的铜齿轮构成，在一艘古老的失事船只的残骸中被打捞出来。据估计，安提基特拉机械是公元前1世纪时期在古希腊罗德岛上建造的。这个装置的重要意义在于它证明了2000多年前就出现了高水平的数学和工程技术。

能　　量

当一个正在下降的物体停住时，它的能量会发生什么样的变化？

能量守恒定律指出，在一个系统中，能量总是一个不变的常量，所以，一个下落到地面上的物体从理论上来说应该弹回它开始下降的地方。不过，虽然看起来动能应该都被转化为势能，然而在与地面撞击时能量的一部分被转化为热能。另外，由于空气分子与物体之间的摩擦，一部分动能也被转化成热能。能量尽管是守恒的，却并不是必须在机械能之间进行转换，大量的能量被转化成热能。这被称作"非弹性碰撞"。

简单机械会因为摩擦而损失能量吗？

理想的机械应该是输出功等于输入功；然而，这样的机械是不存在的。由于运动部位之间产生的摩擦力，大量的能量被转化为热能。大多数机械需要度量效率，效率就是一个机械产生的功与在机械中投入的功之间的比率。

能　效

一般的汽车有多大的能效？

汽油的化学势能作用在汽车上产生的所有能量，只有大约 25% 用来驱动汽车。另外 75% 的能量都转化为其他类型的能量，这些能量对驱动汽车是毫无作用的。例如，运动部件的摩擦将动能转化为热能，热能只会升高发动机的温度。其余的热能作为废气通过尾气管排出。工程师们正在不断研究提高汽车发动机效率的方法。

在过去的几年里，汽车尾气排放量减少了吗？

一氧化碳约占大气污染物的 60%，在这 60% 中，有 80% 来自汽车尾气。然而在过去的几年里，这个数字在不断减小，这主要应该归功于尾气减排、能源保护以及替代能源方案的应用。

汽车的能效提高了吗？

现在，家庭购买汽车的数量在增加，驾驶的里程数也在增加。同时，每辆汽车的平均燃料能效提高了，结果对于每辆汽车来说，每千米需要更少的汽油，排放更少的尾气。

替代能源

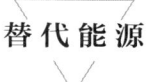 **替代能源是什么？**

替代能源是任何不源于化石燃料的能源。替代能源的形式包括核能和可再生能源，例如水能、地热能、生物质能、太阳能以及风能。目前我们消耗的能源大约 80% 都来自化石燃料，例如煤炭、天然气和石油。

水能、地热能、生物质能和风能是什么？

水能可用于水力发电，将高速、高动能的水通过一系列涡轮机，将水的动能转化为可用的电能。地热能是从地球内部得到的能源（通常是以水蒸气的形式），高能量的水蒸气可以被转化为可用的电能。生物质能包括木头和木制产品以及废物和垃圾沼气，燃烧后能产生电能。最后，像水力发电利用水的动能产生电能一样，风能使用大量的旋转风力发电机将空气的动能转化为可用的电能。

美国加利福尼亚阿尔塔蒙特的风力发电机

地球从太阳那里得到多少能源？

地球每年从太阳那里得到的能源是地球每年消耗能源的 1.5 万多倍。据估计，地球每年从太阳那里得到的能源比整个地球上的所有化石燃料所能提供能源的 10 倍还多。

谁第一个收集了太阳能？

法国数学家奥古斯丁-伯纳德·穆肖第一个成功收集到了太阳能。然而因为当时煤炭非常充足并且便于使用，所以几乎没有人对穆肖的发明感兴趣。直到 20 世纪 70 年代能源危机爆发时，全世界的人们才开始认识到化石燃料并不是取之不尽的。直到穆肖实验的 100 年后，美国才开始重视太阳能的使用。尽管对太阳能有了大规模的研究，但今天它在美国的能源生产中仅占 0.1%。

▎位于美国科罗拉多州高尔登的美国国家能源部研究实验室的太阳能系统

各种能源产生能量的占比是多少？

下表列出各种能源产生能量的占比：

能　源	百分比（%）
风　　能	0.1
太 阳 能	0.1
地 热 能	0.5
生物质能（木材、沼气、农业垃圾）	4.3
水　　能	5.0
核　　能	9.9
化石燃料（天然气、煤炭、石油）	80.0

第 **4** 章
静 物

质 心

 **当锤子被抛到空中时，为什么看起来摇摇晃晃的？**

如果一个棒球被抛到空中，球会根据物理定律，沿着一条平滑的抛物线（弧线，类似于拱形）路径行进。然而，如果同样把一个锤子或扳手抛到空中，它在整个运动过程中看起来都是摇摇晃晃的。这种摇晃是锤子和扳手的质量分布不均匀造成的。

质心是物体质量的平均位置。因为棒球的质量分布均匀，所以其质心就在球的中心。而对于像锤子这样的物体，质心并不在物体的中心。由于大部分质量分布在锤子的金属头部，质心也就离锤头更近。

物理定律指出，当物体被抛到空中时，质心会沿着一条抛物线行进。尽管锤子和球看起来运动方式不同，但实际上它们的质心的运动轨迹相似。当棒球和锤子被抛到空中时，如果仔细观察它们的质心，就会发现它们的质心都是沿抛物线行进的。

 **质心和重心有什么区别？**

质心是物体质量的平均位置，重心是物体重量的平均位置。重量等于质量乘以重力加速度。对于大多数物体来说，质心和重心没有什么差异。而对于比较大的物体（比如行星），质心和重心可能会有轻微的不同。例如，月球的质量分布是均匀的，它的质心就在它的中心。然而，因为地球对月球产生万有引力，万有引力的大小取决于质量和距离，所以月球上离地球较远的一边与较近的一边受万有引力的大小是不同的。因

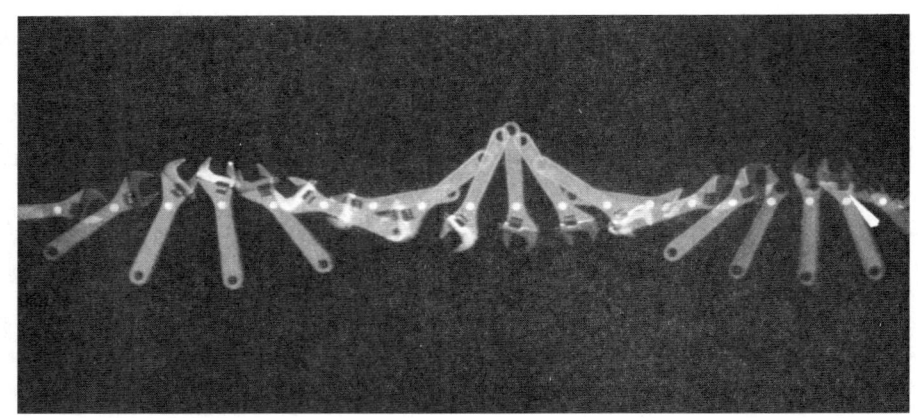

尽管扳手在水平面上产生了明显的晃动，但它的质心是直线运动的。

此，由于月球近端的万有引力比远端的万有引力更大，月球的重心也就比质心更靠近地球。

对于地球上的物体，一侧与另一侧的万有引力的差异可以忽略不计。因此，在日常应用中，质心和重心可以互换使用。

呼啦圈的质心在哪里？

正如棒球的质量均匀地分布在整个球上一样，呼啦圈的质量也均匀地分布在整个呼啦圈上。但有一个重要的区别：呼啦圈是一个环，因此其中心是没有质量的。然而，呼啦圈的中心仍然是它质量的平均位置，因此也就是它的质心。

支撑面是什么？

支撑面对于帮助物体保持直立具有重要的作用。如果你在地面上画一条线，来描出你站立时两只脚和它们之间的区域，那么在线里的区域就是你的支撑面。建筑物的支撑面是它在地面上的地基区域。自行车的支撑面是它的两个轮子与地面的接触点，以及两个接触点之间的区域。

为什么支撑面对物体保持直立是至关重要的？

一个物体不稳定，意味着它很容易翻倒。物体的质心位置水平移动到它的支撑面之外，就会翻倒。这时就不再有东西支撑这个物体。

为了使物体更稳定，需要一个较大的支撑面，这使得用力把质心推出支撑面变得更困难。例如，巴黎的埃菲尔铁塔被设计成底部宽而顶部细。这个宽阔的底部使它具有一个巨大的支撑面，因此很难推倒铁塔。如果没有这样宽阔的支撑面，当遭遇猛烈狂风时，铁塔就会因为质心移出它的地基而倒下。这也是许多无线电塔面临的问题；虽然它们没有巨大的支撑面，但它们有牢固的缆绳（被称作拉线）来帮助支撑结构。

为什么橄榄球运动员在阻挡对手，摔跤运动员在发起进攻时要将质心下移？

在有身体对抗的比赛中，当与对手进行对抗时，最好降低质心，将两脚分开站立。这样能增大自己的支撑面，从而使身体更加稳定而不容易被击倒。而对手为了将你撞倒，必须施加力来提高你的质心，然后推倒你。如果你只是简单地直立，两只脚靠在一起，那么你的支撑面就会非常小，你的对手就很容易将你的质心推出你的支撑面。

比萨斜塔为什么还没有倒？

55 米高的比萨斜塔自从 1173 年建成就一直在不断地倾斜。它发生倾斜是因为它的地基没有牢固地固定在地面上：虽然它的地基有 3 米多深，但它没有建在能防止倾斜的质地坚实的基岩上。因为比萨斜塔的质心仍然在它的支撑面也就是地基上方，所以尽管它已经倾斜了四五米，但仍然直立不倒。它每年持续倾斜 1 毫米左右，并将一直倾斜下去，直到它的质心水平移出它的支撑面的正上方，或者更可能的是，直到塔的墙壁或者地基结构失效——由于倾斜，比萨斜塔处于剪应力下，但它的墙壁和地基是用来应对垂直向下而不是倾斜向下的压力的，所以更大的可能是某一天比萨斜塔的墙壁支撑功能失效，这个塔将在中间的某个地方折断。

比萨斜塔

猴子的尾巴有什么用？

生物学家能发现猴子尾巴的多种用途，但物理学家只把猴子的尾巴看成一个很好的平衡工具。猴子尾巴的主要用途是帮助它将自己的质心保持在脚的上方。比如，一只猴子站在树枝上伸出爪子去抓香蕉时，它的质心有可能移出它的脚的上方，导致猴子跌落。为了解决这个难题，猴子将它的尾巴伸到背后，使它的质量的平均位置保持在脚的上方。鸟类、松鼠和其他有尾巴的动物都是如此。

静　力　学

说一个物体"静止"意味着什么？

静止意味着"不移动"。在静电学中，电荷不会流动，它们保持在一个位置，直到出现外力来移动它们。在工程学和机械物理学领域，静止的意思就是物体不移动。作用在物体上的所有力相互抵消，这样物体才会不移动。所以，静止意味着物体受力平衡，即作用于物体的力的总和是零。

为什么我们坐在椅子上时是静止的？

只要你正坐在椅子上没有移动（相对于地球），你就是静止的。也就是说，这把椅子正在用一个向上的、与你重力大小相等的力支撑着你。你将一直保持静止，直到出现外力改变你的运动状态。

来自椅子的支撑力又叫什么力？

支撑力的另一个名称是"法向力"。法向力的方向总是垂直于表面向外。如果椅子放在水平面上，那么它的法向力是垂直向上的。而斜面上的法向力应该是垂直于斜面表面的，而不是垂直于地面。

张力是什么？

张力就是试图把物体撕开的力。在绷紧的绳子、缆线和金属丝上都存在张力。运动员悬挂在单杠上时，他的手臂承受着张力。当他用两只手臂悬挂时，每只手臂上的张力是他体重的一半。只用一只手臂来悬挂住身体并坚持一定的时间是有难度的，因为这只手臂承受的张力与他的体重是相等的。

为什么体操运动员在吊环上表演十字支撑那么难？

曾经在吊环上尝试过十字支撑的人都会知道，除非非常强壮，否则是无法完成这样一个静态姿势的。困难的原因是这个动作需要巨大的力将人的身体悬挂在吊环上。物理学表明，拉紧的线绳，或在这种情况下是人的手臂，越接近水平位置，保持物体悬挂所需的力就越大。换句话说，悬挂物体最容易的方法是用垂直的线绳或者手臂；线绳和手臂越接近水平，上面的张力就越大。比如，晾衣绳是水平的，即使只在上面悬挂一些比较轻的东西，绳子也产生了巨大的张力。你可以用垂直的细绳来代替水平的晾衣绳，这

体操运动员表演十字支撑。

样可以用小得多的力来挂起同样的衣物。然而问题是：你把这条垂直的细绳系在哪里呢？

与张力相对的力是什么力？

张力是一种拉扯的力，而压力是一种推挤的力。如果现在你正坐着，那么你正在对你的臀部和椅子施加压力。在站着的时候，你会对你的脚以及脚下的地面施加压力。钢丝和绳索不能很好地处理压力的问题，因此像钢、铁以及混凝土这样的材料被用作建筑物的地基和支撑梁——地基和支撑梁是建筑物能够经受住巨大压力所必需的构造。

剪应力是什么？

说明剪应力最好的例子就是剪刀。剪刀的两片刀刃将试图剪切的对象向两个相反的方向移动。剪应力正是如此。地震常常会使地面设施承受巨大的剪应力。地震后道路开

裂的画面中，路面的一侧向一个方向移动，而另一侧向相反方向移动，两侧相向移动使得地面隆起。

地面设施还可能受到哪些力的作用？

扭力是导致地面设施扭曲的原因。桥梁和塔台利用交叉支撑的方法来防止这种力对建筑物造成破坏。

桥梁和其他建筑物

桥梁有哪些主要类型？

桥梁有 4 种基本类型，现在的土木工程师使用这 4 种基本类型的许多变体。这 4 种基本类型是梁式桥、悬臂桥、悬索桥和拱桥。世界上几乎没有两座完全相同的桥，因为每座桥都是根据其地质条件、成本、美学、使用频率以及承重等多个细节来设计的。

死荷载和活荷载有什么区别？

为了保持静止，桥梁（以及所有建筑物）必须能够承受其上的荷载。在工程学上，荷载这个术语表示对物体施加的力。死荷载是桥梁本身的重量，而活荷载是车辆和行人通过桥梁时施加给桥梁的力。当然，为了安全起见，工程师们计算的活荷载要比正常值大得多。

悬索桥为什么能建得那么长？

世界上最长的 20 座桥都是悬索桥。悬索桥能够跨越很长的距离，这是因为悬挂和支撑路基的长缆绳被悬挂在垂直的、高高的塔状建筑上。这些高塔能避免缆绳和路基的中间部分坠入水中。而这些长缆绳的末端必须被固定在桥两端的地下，否则路基和缆绳中间部分的重量足以使这些高塔向桥的中心坍塌。悬索桥优美的线条还会带来令人惊叹的美感。

拱桥如何支撑它顶部的重量？

拱桥因其稳固而闻名。每个拱形结构所承受的力都被转化为压力，这种压力从拱顶的中心向外传递到两侧的拱座上。古罗马人非常擅长把拱形结构运用在高架引水桥上。

建于公元前 18 年的加尔桥就是一座这样的桥，长约 270 米，建造这座桥是为了让一条水渠跨过加尔河。

▌位于法国尼姆的加尔桥

🌉 悬臂桥是什么？

典型的悬臂桥由一系列从基座伸出的支撑整个路面的钢梁构成，路面完全依赖于结实的悬臂。大多数悬臂桥有 2 到 3 个悬臂。这种桥由于成本很高、建造复杂，已经不再建造。美国的悬臂桥有宾夕法尼亚州切斯特的巴里准将大桥、路易斯安那州新奥尔良的大新奥尔良 1 号桥和 2 号桥，以及路易斯安那州格拉梅西的格拉梅西大桥。

▌英国苏格兰爱丁堡的福斯桥是一座悬臂桥。

最早出现的桥梁是哪种？

人类历史上的第一种桥梁是梁式桥。这种桥梁可能只是一棵倒下的树，由河床或岩石支撑，人们用来越过小沟或小河。梁式桥由水平的道路和垂直的桥墩组成，桥墩植入地下。虽然梁式桥可以非常结实，但它们不适合跨越比较长的距离。

最新型的桥梁是什么样的？

最新型、最美观、最经济的桥梁之一是斜拉索桥。路面轻薄，线条简洁，斜拉索桥是最适合大多数中等跨度的桥梁。斜拉索桥的多条钢缆直接连接到桥面，以此悬吊路基。这些绳索穿过一系列的垂直高塔，固定在地面的桥台上。这样的设计减少了对笨重而昂贵的钢材和大型锚碇的需求，而这些是悬索桥所必需的。

▌美国佛罗里达州杰克逊维尔的斜拉索桥

埃菲尔铁塔有多高？

为1889年的巴黎世界博览会建造的埃菲尔铁塔高300米。它是用铁塔的设计者古斯塔夫·埃菲尔的名字命名的。这座铁塔是他为法国大革命一百周年设计的一个现代建筑物。

如何建造摩天大楼？

摩天大楼必须由内部的铁或钢制骨架支撑，而不是仅由承重外墙支撑。摩天大楼在拥挤的城市中既实用又经济，因为它们更充分地利用了垂直空间；此外，摩天大楼使用铁和钢，这些材料易于加工、重量较轻且比混凝土更结实。

第 **5** 章
流　体

流体是什么？

任何可流动的液态或气态的物质都被认为是流体。流体在我们日常生活中的各个方面都发挥着重要的作用，包括呼吸、飞行和游泳。对流体的研究有两个主要领域：研究静止状态流体的领域叫作流体静力学，分析流体运动的领域叫作流体动力学。

流 体 静 力 学

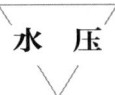

水 　 压

水倾向于保持水平是什么意思？

以地球为参照物，一个容器（玻璃杯、浴缸或湖泊）中的水的表面始终在容器的所有部分保持相同的水平高度。向容器的一边加水会使整个水平面同步升高。永远不能使玻璃杯、浴缸或湖泊中的水一边比另一边有更高的海拔高度。同一容器中的水总是保持在相同的高度。

为什么要在高的建筑物上建水塔？

水倾向于从海拔高的地方流向海拔低的地方。所以建筑物高层和乡下的矮房用水会存在一些问题。为了增加水压，让水能够到达高建筑物的顶层，经常在楼顶建一水塔，用泵把水注入水塔。这些水塔并不是用来储水的，而是为了提供足够的压强将水输送到高层。水倾向于保持水平，如果屋顶装有水塔，建筑物里其余的水将被向上推至同样的水平面。这种"推力"就是建筑物中的水压。

为什么很多水塔顶端都有一个球形的储水箱？

球形储水箱被放在高塔顶端是为了保持足够的水压为城镇或社区供水。水的深度决定水压的大小。因为储水箱高高在上，所以其中的水有非常大的势能，给水网其余部位的水很大的压强。

对高度的需要解释明白了，但为什么要在顶上放球形的储水箱，而不是建一个看起来更像传统竖井的塔呢？

水压的大小只取决于水的深度。如果相同体积的水被放在竖井形状的储水箱中，与球形储水箱相比，水的深度不够，水压就会较小。而当水被放在位于塔顶的球形储水箱中时，所需的水量减少，相同体积的水能产生比较大的势能来保持水压。在干旱或者水的消耗量很大时，球形储水箱中水下降得比竖井形储水箱少得多，水压会相对地保持较高的水平。

▏美国密歇根州西部的球形水塔（带笑脸图形）

在湖泊的 20 米深处和海洋的 10 米深处，哪一个地方的水压更大？

压强在物理学中被定义为压力除以面积。虽然海洋比湖泊包含更多的水，但潜水员正上方的水的深度或者重量决定潜水员所承受的水压。所以，在湖泊 20 米深处的潜水员所承受的水压实际上是在海洋 10 米深处的潜水员所承受水压的 2 倍。

气栓症是什么？

当潜到深水中时来自上方的水的压强要远远大于在水面附近时的压强。如果潜水员太快游上水面，压强的快速改变会快速释放出血液中的氮气。

氮气在普通大气压下几乎不溶于血液。在高压下，它的溶解度增加了，因此，潜水员潜得越深，他的血液就溶解越多的氮气。氮气是在呼吸时肺部换气的过程中溶解到血液中的。当潜水员上升时，压强减小，因此血液中的氮气超过饱和度。当过饱和的氮气从血液中析出时会形成气泡。这些气泡聚集在关节、动脉和其他地方，使人感到痛苦，并破坏细胞，使血液和氧难以进入细胞，造成伤害甚至死亡。

避免气栓症的最好方法就是缓慢地升到水面，让来自水的液压逐渐减小才有可能避免对身体的伤害。

潜到游泳池底部的时候，为什么耳朵会感到刺痛？

正像我们上方空气的重量产生大气压一样，水的重量产生液压。在靠近水面的地方产生向下压力的水很少。而一个人潜入水下越深，来自上方的水压就越大。如果一个潜水员潜到水池底部附近，他就能感受到水压增大。耳中的鼓膜对于增大的水压格外敏感，因为鼓膜不像潜水员的皮肤那样强韧。实际上，鼓膜通常在人潜到水面下 1.5 ～ 3 米时就能感受到水压。

为什么堤坝的底部比顶部更厚？

堤坝阻挡水体，水压随着水体深度的增加而增加，因此，堤坝底部的水压要大于顶部。如果在堤坝的底部、中部和顶部分别钻孔，从堤坝底部的孔射出的水流的水平距离最远，因为那里的水压最大。

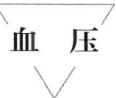

血　压

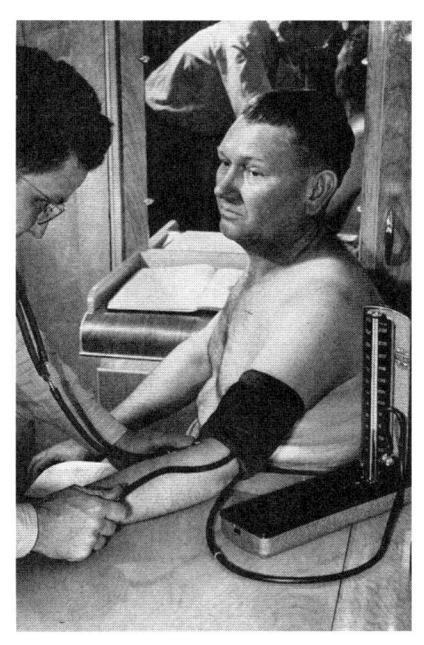

如何测血压?

血压是血液作用在单位面积血管壁上的压力。血压在血液的流动中起着重要的作用。心脏是将血液运送到全身的泵，血管将血液输送到身体的各个部位。血管能感受到很大的压强，血液从较粗的血管到较细的血管的运动过程中，血管壁的压强会增大。

用来测量血压的设备叫作血压计。将血压计的绑带缠绕在大臂上，先充气再放气，这样血压计就能测量正通过上臂部位的血液的压强。

为什么要通过上臂来测量血压?

液压取决于流体的深度。因为尽管无法在心脏周围测量血压，但如果测血压的位置与心脏齐平，那么其液体深度一定与心脏处的血液相同，血压也就相同，所以医生和护士必须找一个与心脏高度相

血压计可以测量血压。

同的位置。在这一水平位置上，合适的部位就是你的上臂。然而，当你躺下时，几乎可以在你身体的任何位置测量你的血压，因为这时你的大多数血液都与心脏在同一水平。

实际上，当你倒立时，可以看到和感受到你的动脉和静脉壁上的血压。因为当你倒立时，你的头部聚集大量的血液，血管承受极大压强，你的脚能轻易做到的事，你的头却做不到。血管壁的压强大到可以看到人的头部和颈部的血管凸出来。

大　气　压

大气压为什么与液压相似?

大气压是由气体产生的压强，产生的原理与液压相同。大气压与液压之间唯一的差

异就是气体没有液体密度大，因此对人和物体的压强更小。例如，地球的大气层延伸到地面上方大约 45 ~ 50 千米，在地面上，1 平方米面积上的压力大约为 10 万牛顿。然而，如果我们讨论的是水而不是空气，那每平方米上的压力就会大得多了。

🔻 大气压高达 10 万帕斯卡（牛顿 / 米²），那么我们为什么没有被压扁呢?

根据牛顿第三定律，我们对空气也施加相等的压力。由于我们的体内也有空气，并且体内的空气与体外的空气压强相同，因此，我们能在大气环境中自由地运动。

对水和潜水员来说，情况就不同了。在深水中的潜水员能感受到 10 万帕的压强，因为潜水员体内的气压与体外的水压不同。对于潜水员来说，要减小水压，只能吞咽高压的水。但这并不是一个好主意。

还有一个不用吞咽水就能平衡压强的方法。在极端深度下，如果有充足的时间，空气能被加压到与水具有相同的压强。在这样高压空间里的潜水员就能进入上述的深度而不会被压扁。在电影《深渊》里就虚构了这么一个例子。电影中的潜水舱有一个通到大海中的孔，因此气压一定与水压相等，否则水将灌满潜水舱。然后潜水员能直接跳到水中游泳。

🔻 气压计是什么?

气压计是用来测量大气压的设备。主要有两种类型的气压计——水银气压计和无液气压计。伽利略的助手埃万杰利斯塔·托里拆利于 1643 年发明了水银气压计。它由一根大约 80 厘米长的细长玻璃管构成，玻璃管顶端封闭，被颠倒着放入一个装满水银的盘子里。大气压推动盘子中的水银，玻璃管中的水银的水平面会上升或者下降。通过测量管中水银的高度（通常是在 737 ~ 775 毫米之间），能够测量出大气压。

🔻 无液气压计是什么?

无液气压计是更常见的气压计。在无液气压计中，大气压使低压气泡有弹性的顶端弯曲；通过测量弯曲的程度，就能确定大气压的值。无液气压计通常被用在飞机的测高仪上来测量飞机的高度。因为当高度增加时大气压减小，无液气压计是理想的测量仪器。它比水银气压计更安全，因为水银是有毒的；水银气压计需要在不封闭的盘子中放置水银，这使水银很容易溢出。

当气球被放入水中时会发生什么?

当一个充满气的气球被放到水下时,水(比空气具有更大的压强)在气球的所有侧面施加力。来自水的压力会将气球里的空气向气球内部挤压。气球被放得越深,压力就越大,气球就会变得越小。来自水的压力会一直挤压气球,直到气球里的气体能够产生与来自水的压力相等的反作用力。

为什么密闭容器在寒冷天气里有时会凹陷甚至塌陷?

正像气球放到水下会变小一样,密闭容器在一定的大气压条件下也会变形甚至塌陷。例如,一个为割草机储存汽油的容器在不使用的时候通常是密封的。假设这个容器是在温暖的日子里被密封的,当时大气压比较低,而在之后寒冷高压的日子里,这个汽油容器将会出现褶皱。因为容器内部温暖的空气有比较低的气压,而容器外边的冷空气会对容器施加一个更大的压力,这个汽油容器将会被压得塌陷一点儿。在这种情况下,如果有人打开这个容器,高压空气就会冲进容器使容器内外的压强达到平衡,这时,容器就会发出"嗖嗖"声。

为什么有些项目的运动员要去高海拔的地方训练?

美国的跑步运动员总是跋涉到海拔更高的科罗拉多山区去训练,因为高海拔地区大气压低,那里的空气比低海拔地区稀薄,肺必须更努力地工作才能为身体提供足够的氧气。许多运动员觉得在这样的条件下训练可使身体习惯缺氧的环境。当在低海拔地区参加比赛时,他们就能表现出色,因为他们的身体已经习惯了尽力获得大量的氧气。

浮　力

浮力是什么?

简单地说,浮力这个词的字面意思就是使物体漂浮的力。无论什么时候,只要物体的重力与流体向上推它的浮力相等,就会漂浮。在流体表面和下方都能产生浮力。将一块木头放到水中，因为重力它会下沉，直到水对它的浮力与它的重力相等为止。当木头的重力与水对它的浮力相等时，木头就会漂浮。

漂浮通常是指在像水这样的液体中，但物体能否在气体中飘浮？

在液体（比如水）或者气体（比如空气）中存在压力差异时产生浮力。一个低压热气球会上升，直到气球和篮子的重力与气球内空气的浮力相等。

公元前 3 世纪，当阿基米德跨进浴盆时，他有什么重大发现？

当阿基米德跨进一个装满水的浴盆时，令他惊奇的是，浴盆中的水位升高了。当然，当阿基米德坐进浴盆时水位升高这样的事并不是第一次发生，但这是他第一次思考出现这种现象的原因。接着他又用金冠和银冠进行实验，他把它们放到浴盆中，然后测量从浴盆中溢出的水量。传说在完成他的伟大实验后，阿基米德在他的家乡西西里岛锡拉库扎到处奔跑，一边跑还一边大喊："我发现了！"

阿基米德发现了一个流体静力学（静止液体）的定律，人们后来用他的名字将这个定律命名为阿基米德定律。这个定律阐明，将一个物体放到流体中时，物体会受到浮力，该浮力的大小与物体排开的流体的重力相等。

为什么一小块铁会下沉，而一艘 5 万吨的钢制的船却能漂浮？

要保持漂浮，物体必须排开与它自身重量相同的流体。因此，如果一块铁被放到水中，它会下沉，因为它的体积不允许它排开与它自身重量相同的水。在这种情况下，没有办法能让水提供足够大的向上的力来使铁块漂浮。一艘 5 万吨的钢船只要能排开 5 万吨的水，它就能很容易地保持漂浮状态。这一点可以通过加宽船身以增加船的体积来实现。

当船上增加了乘客和货物时，船的浮力会发生什么变化？

造船的人必须始终考虑当船上增加乘客和货物时船的漂浮水平。增加乘客和货物，就增加了船的重量。只要船加上船载的总重量小于船排开的水的重量，船就会漂浮。当船加上船载的总重量超过船排开的水的重量时，船就会下沉。为了保证船的航行和灵活性，考虑并关注因增加乘客和货物而引起船在水中下沉的深度是非常关键的。大型的货轮和游轮在船头都标有船沉入水中多少深度的数字。如果船吃水深度达到 6 米而水深只有 5.5 米，就必须卸载货物和乘客使船上浮。

☄ 一艘船达到漂浮状态需要多少水？

使船保持漂浮并不需要太多的水，只需要排开与它自身重量相等的水就足够了。因此，如果一艘船驶入一条只比船体宽一点儿的水道，只要船航行时水道的水是平静的，那么在船体的周围只要有一层薄薄的水，船就能很好地漂浮。

☄ 河马是如何沉入河床底部的？

河马的一生有一半的时间是在水中度过的。为了进食，身长几乎达到 3 米、体重将近 4 吨的河马必须沉到水底去吃生长在河床底部的植物。可是河马面临一个大问题：身体的低密度使它漂浮在水面，它也不够灵活，无法快速地潜入水底再回到水面。为了到达河底，河马必须增大自己的密度，以便浮力不能使它漂浮。为了做到这一点，河马呼气来减少体内的空气，以增大身体的密度。

河马沉到河底，它就能吃到植物，可是它不能靠吸气来浮出水面了，因此，河马会沿着河岸走上去，或者用力蹬地从而向上弹起并再次浮出水面。

☄ 固特异飞艇是如何保持在特定高度上的？

固特异飞艇，就技术而言，应该叫作"可驾驶飞艇"。它是一种软式飞艇，仅仅依靠巨大的、像气球一样的气囊中的气体产生浮力，使它飘浮在空中。通常它携带超过 5 000 立方米的氦气，氦气的密度约为空气的 1/7。飞艇飘浮在空中的原理与船漂浮在水中的原理是一样的。飞艇的重力必须与气囊中气体的浮力相等。为了使飞艇升高，飞行员通过增压舱向飞船添加空气来增大飞船的浮力，这使气囊膨胀，排开更重的空气来增加浮力。为了使飞船下降，飞行员通过释放气囊中的气体来减小浮力，释放气体后，气囊的体积会减小，排开的空气的重量也会减小。

▌固特异飞艇

🛸 为什么在飞艇中使用氦气而不用氢气？氢气不是更轻吗？

虽然相同体积的氢气提供的浮力是氦气的 2 倍，能更有效地使飞艇飞离地面，但氢气是非常危险的。实际上，1937 年 5 月 6 日，当时世界上最大的飞艇——德国的"兴登堡号"飞艇在美国新泽西州的莱克赫斯特试图着落时爆炸成一个巨大的火球。这次爆炸造成 36 人死亡。在 1937 年，美国差不多是世界上唯一的氦气来源地，大部分氦气来自得克萨斯州的一口气井。纳粹想为他们国家的飞艇购买氦气，但是美国拒绝卖给他们，因为氦气被认为是"战略"资源。所以，"兴登堡号"只能使用氢气。

德国的"兴登堡号"飞艇于 1937 年 5 月 6 日在美国新泽西州的莱克赫斯特突然爆炸。

🛸 飞艇有什么用途？

从 1852 年亨利·吉法尔在法国驾驶第一艘飞艇飞行以来，飞艇主要被用于军事领域。从 20 世纪早期到中期，飞艇被用来在大西洋两岸投弹轰炸和侦察。飞艇用来进行商业性的客运只有几年时间。而当代的像固特异飞艇这样的新式飞艇通常被用来做广告或者在高空拍摄体育赛事。

🛸 如果一个孩子放开手中的氦气球，会发生什么？

如果这个气球被扎得很紧，那么当它飞到高空时体积会膨胀。这种膨胀是高空比较低的大气压造成的。最后，氦气的体积增大到会使气球破裂，氦气与外边的空气混合到一起。

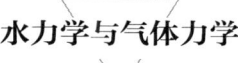

水力学与气体力学

布莱士·帕斯卡在 1647 年为流体力学做出了什么重要贡献？

布莱士·帕斯卡提出的帕斯卡定律表明，任何施加给密闭流体的力会被传递到容器壁的各个方向。这个定律对流体静力学和水力学的发展都是极其重要的。例如，如果一个活塞在一个密闭汽缸内推动液体，那么活塞提供的力会被转化成对汽缸壁的压力。这是因为液体不能像气体那样被压缩。

水力学是什么？

水力学是指利用液体从一个地方流到另一个地方的运动来完成某些类型的工作。在液力机械装置中使用的液体通常是水或油。水力工程师设计了泵、千斤顶、旋塞、起重机、减震器及其他许多这样的装置。

液压千斤顶是如何工作的？

液压千斤顶的基本原理是放大力，以此给予设备机械利益。在许多汽车修理厂使用的汽车千斤顶可以使工人用很少的力将汽车从地面抬起。其方法是通过一根细管将液体从一个小直径的圆筒推进一个大直径的带活塞的圆筒，这个大直径的圆筒被放在需要举起的汽车的下方。因为液体不能像气体那样被压缩，所以来自小圆筒的液体被推进大圆筒，迫使大圆筒的活塞向上运动。这是对液压千斤顶的工作原理极其简化的描述。帕斯卡定律阐明，如果一个小面积的活塞推动一个大面积的活塞，机械利益可能是非常大的。

液压千斤顶还被用在什么地方？

除了在修车厂，液压千斤顶还被用来抬高起重机和反铲臂、调整飞机襟翼以及助力汽车刹车。正是液体不可压缩的特性使得液压装置如此有用。

气体力学是什么？

水力学用液体得到机械利益，而气体力学利用的是被压缩的气体。气体能被压缩并

■ 截瘫的农场主利用千斤顶帮助自己从轻型货车进入拖拉机。

在压力下被储存，释放被压缩的空气能为像汽钻、汽锤、气体力学扳手以及风镐这样的机械提供很大的力和扭矩。

流 体 动 力 学

流体动力学是什么？

流体动力学是研究运动中的流体的科学。流体运动的类型可以分为：稳态流动（液体或者气体以恒定的可预测的方式运动）；非稳态流动（流体改变速度和方向）。

流体为什么会运动？

在整个物理学领域中，物体运动都是由于力的作用。就像被抛到空中的篮球会因为受到重力而下落到地面一样，流体流动是因为有不平衡的力作用在物体上——即两点之间的压力差；流体会流向压力小的地方。

为什么河流在比较狭窄的地方流速更快？

当水在河道中流动时，在单位时间内通过河流任一截面的水的总量是相等的。例如，如果一条河的流量是 2 000 升 / 分钟，这就意味着，假定这条河的倾斜度是恒定的，每分钟有 2 000 升的水通过这条河的每个截面。如果这条河的一处截面变窄，2 000 升的水仍然必须在 1 分钟的时间里通过这个截面，因为来自后面的水并不会减小流向下游的趋势。河床变窄了，河水为了"完成这个任务"必须加快速度。在这一现象背后的规律叫作连续性。

为什么好像城市中的风更大？

这个问题的解释无关气象学，而关乎物理学。在比较大的城市，有摩天大厦和其他的高建筑物阻挡了风的流动。为了通过这些障碍，在马路和大街这些通道中，风速加快了。在隧道和户外的"有顶过道"中也能发现相同的情况。流体的连续性使风加速冲过马路和大街的狭窄通道，这使得城市里的风更大。

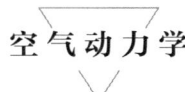

空气动力学

空气动力学是什么？

空气动力学是流体动力学中专门处理空气和其他气体运动的一个分支。研究空气动力学的工程师对汽车、飞机、高尔夫球以及其他在空气中运动的物体周围气体的流动进行研究和分析。

伯努利定律是什么？

1738 年，瑞士物理学家兼数学家丹尼尔·伯努利发现，当正在运动的流体速度加快时（例如风正吹过城市的过道）流体的压强减小。伯努利在测量流过不同直径的管子的水的压强时发现了这一定律。他发现当管道直径减小时，水流的速度加快，水对管道壁产生的压强也变小了。这一发现后来被证实是流体动力学领域最重要的发现之一。

飞机的机翼是如何产生升力的？

飞机机翼的设计是为了分开靠近机翼前部的空气。一部分空气在机翼下方穿过（机翼的底面是平的），而剩余的空气在机翼的上方穿过（机翼的上表面是弧线形的）。弧线形的上部使在机翼上方的空气比在机翼下方的空气移动了更远的距离。由于流体的连续性，机翼上方的空气一定比机翼下方的空气移动得更快。根据伯努利定律，如果空气在机翼上方行进得更快，它一定会产生比机翼底部小的压强。因此形成的压强差产生了使飞机保持在空中所需的升力。

流体动力学中的阻力是什么？

流体动力学中的阻力是一种试图使在空气中运动的物体慢下来的力。当一个物体的阻力被保持在一个极小值时，这个物体就符合空气动力学原理。

有两种类型的阻力：寄生阻力和诱导阻力。寄生阻力是流体与运动的飞机机翼、汽车或者其他物体接触时产生的摩擦力。阻力的大小还取决于流体的特性，比如黏度等。流体越黏稠就越浓密，流动就越慢。在流体中运动的物体的形状是影响阻力的另一个因素。一艘宽的长方体大船在水中移动时受到的阻力要比一艘 V 形的摩托快艇受到的阻力大。寄生阻力是由流体黏度和物体形状共同决定的。

诱导阻力是机翼产生升力时附带的后果。诱导阻力由机翼的攻角决定。攻角越小，诱导阻力就越小。

流线是什么？

流线是描述流体在物体周围或者另一种流体中流动的路线。流线主要被应用于机翼

一辆法拉利汽车在风洞中进行空气动力学测试。

和汽车的风洞测试。风洞是一个在前端和后端都设有通风孔的腔体，允许气流通过。如果气体平稳通过而没有中断，那么这个物体被认为符合空气动力学原理。

为什么高尔夫球的表面有凹坑？

高尔夫球运动已经存在了几个世纪，但有凹坑的高尔夫球只存在了 100 多年。带凹坑的高尔夫球是在 1908 年由斯伯丁公司最先采用的，这种设计能使高尔夫球飞行的距离增加 1 倍。这些凹坑使一层薄薄的空气完全接触球的四周。当球被击中时，通过有凹坑的高尔夫球顶部的风与球周围其余部位的风都吹向相同方向，这就在球的上方形成了一个低压区。空气一直沿着球的表面被传送到球的下侧，在这里迎面遇到了风，这样就降低了空气流速，根据伯努利

高尔夫球上的凹坑能使球的飞行距离翻倍。

定律，在球的下方形成了一个高压区。这样的压力差对球产生了升力。简而言之，高尔夫球上的凹坑导致风在球周围流动，从而产生了压力差；压力差形成更大的升力，使高尔夫球能够飞出 2 倍的距离。

如何投出曲线球？

曲线球之所以球路弯曲，是因为利用了伯努利定律，就像飞机机翼和铁饼利用升力帮助它们飞行一样。然而，曲线球是利用压力差使球偏向一边移动，而不是利用升力去飞行。就像高尔夫球上的凹坑能使薄层的空气围着球流动一样，棒球上的缝合线也能做到这一点。当投手给球一个旋转时，在球的一边的空气层运动方向与气流一致，而另一边的空气层运动方向与气流相反。气流差异产生了压力差异，它们转化成侧向升力，叫作偏转力。正是这种偏转力使球弯向一边从而迷惑击球员。

什么形状最符合空气动力学原理？

有人认为一个物体越窄，越像针形，它受到的阻力就会越小。尽管针头很容易穿过

风，问题却出在针尾，在针尾，风变得混乱并形成小的涡流，这些涡流阻碍了空气的流线型运动。最佳形状是根据物体的速度而定的。

就低于声速的速度而言，最佳的形状是泪滴形。泪滴形有一个滚圆的头部，随着向后延伸逐渐变细，形成一个窄而匀称的尾巴。这能逐渐把周围的空气收拢到一起，而不是形成涡流。

对于喷气式飞机或者子弹可能达到的高速度，其他的形状可能会更好。物体如果有一个钝端，则阻力最小，它有意地形成湍流，其余的空气在物体后面的湍流区域平稳流过。

为什么逆风投掷铁饼比顺风投掷更好？

在大多数体育运动中，当风在你身后时（顺风）投掷或者奔跑比对着风（逆风）做这些更容易。在橄榄球比赛时，各队抛硬币来决定哪队顺风。在航行中，顺风更容易也更快，而逆风更慢。在田径运动中，100 米短跑的世界纪录在顺风的情况下更容易被打破。在大多数体育运动中，顺风是更有利的。

然而，在投掷铁饼这一比赛项目中，逆风是更有利的。实际上，有资料证明，在 10 米 / 秒的逆风中，铁饼能多飞出 8 米。虽然铁饼一直受到来自逆风的阻力，但铁饼因为上下两面的压力差而产生的升力比受到的阻力更有意义。因为铁饼将在空中停留更长时间，所以它会飞得更远。

是什么决定了层流在哪一点变为湍流？

当一个流体运动从低速的层流状态变为高速的湍流状态时就会形成涡流。流体的流动在哪一点从层流向湍流转变取决于多种因素，用雷诺数来描述。这些因素包括速度、流体密度、截面面积以及流体的黏度。

层流向湍流转变有什么例子？

层流向湍流转变主要发生在流体速度变快时。一个发生转变并产生涡流的例子可以从香烟冒出的烟雾中看到。当烟雾从一根香烟上冒出时，烟雾流缓慢地升起，但是当升高到离燃烧的香烟 2 ～ 3 厘米的高度时，这些烟雾因为周围更冷的空气的浮力作用而加速了。就是在这里，层流转变成湍流，也是在这里，烟雾中的湍流形成了不可预测的涡流。

下击暴流是什么？

下击暴流是水滴从雷暴云下落过程中的蒸发造成的。迅速的蒸发使空气快速冷却，这些空气会变得比云中其余的温暖的空气更重。然后冷空气快速落到地面并向各个方向扩散。下击暴流产生的风速可以达到约 161 千米 / 小时。

为什么对飞机来说，下击暴流是非常危险的？

当飞机靠近下击暴流的前部时，风速非常快，增加了机翼上方气流的速度而减小了压力，飞机将升向更高的空中。当飞机遭遇下降气流时，它就会快速向地面坠落，直到它飞出暴流。在逃离下击暴流时，飞机会遇到巨大的尾风，这会减慢通过机翼上方的风速，从而减小飞机的升力，降低飞机的灵敏性。

很多人将下击暴流误认成龙卷风，因为它们都带有难以预测的强风，并发出巨大的声音。造成飞机失事的第一大原因是飞行员出错，而下击暴流则是造成飞机失事的第二大原因。实际上，有 30 多架飞机因为下击暴流失事。在高空飞行时，下击暴流可能只是一次令人惊慌的经历，因为飞机在坠毁前要下落非常远的距离。然而如果是在低空飞行，那么下击暴流很容易将飞机向下推至失去控制、撞到地面。

1903 年 12 月 17 日，在北卡罗来纳州的基蒂霍克发生了什么？

就是在这一天，奥维尔·莱特和威尔伯·莱特兄弟二人预热了他们的莱特飞机上的发动机，然后在冬天寒冷的大风中起飞。奥维尔驾驶飞机飞行了 12 秒，飞行距离为 36 米。在同一天的晚些时候，威尔伯飞行了将近 1 分钟，并飞过了 269 米的距离。这架莱特飞机仅重 280 千克，拥有 12 米的翼展。在那天这架飞机只飞行了 4 次，因为在威尔伯的那次 269 米的飞行之后，风使飞机摇摆颠簸，毁坏了机翼、发动机和链条导向装置。

飞机的操纵装置与汽车的操纵装置有什么区别？

汽车在二维平面上行驶，因此只需要两个不同的操纵装置：控制向前运动的油门和刹车以及控制左右运动的转向盘。

与汽车不同的是，飞机是在三维空间中行进的。飞机向前的运动是由风门控制的，而"刹车"是由关闭风门增加阻力来实现的，这通常是利用阻力板完成的。特别

1903 年 12 月 17 日，在北卡罗来纳州的基蒂霍克，莱特兄弟为进行第一次机动飞行做准备。

提示一下，飞机不能像汽车那样倒退。由飞机的方向舵控制的偏航负责飞机的左右移动。

为了控制俯仰，即飞机机首的上下方向，飞行员使用方向舵附近的升降舵或水平操作台。为了使飞机翻滚（飞机以机首到机尾的中心线为轴进行旋转），飞行员使用机翼背面末端叫作副翼的操作台。

声　障

 冲击波是什么？

就像船在水中移动会形成一系列的 V 形波一样，飞机在空中飞行时会形成锥形波。飞机产生的波是被压缩的空气波。当飞机达到声速，即 1 马赫时，飞机的压力波被压缩到使声波相互重叠，产生了冲击波。冲击波产生一个响亮得能被地面上的观察者听到的声震。当飞机低于声速飞行时，冲击波不会重叠，观察者只能简单地听到被延迟的飞机声，而听不到声震。

1 马赫是声速，那么 2 马赫是什么？

马赫是速度与声速的比率，因此 2 马赫是 2 倍的声速，3.5 马赫是 3.5 倍的声速，以此类推。任何大于 1 马赫的速度都被称为"超声速"。

第一个打破声障的飞行员是谁？

1947 年 10 月 14 日，查克·耶格尔驾驶着他名为"迷人的格伦尼丝"的贝尔 X-1 实验型飞机打破了声障。为了达到声障，贝尔 X-1 实验型飞机被携带在 B-29 型轰炸机的内部，到达约 3 600 米的高度后被放下。贝尔 X-1 实验型飞机的火箭发动机启动，然后耶格尔驾驶飞机到达约 13 000 米的高度。在这一高度，耶格尔能够以约 1 062.1 千米／小时的速度打破声障。这架贝尔 X-1 实验型飞机经历了一系列猛烈的压力波，而后耶格尔以 1.05 马赫的速度打破声障。耶格尔将飞机保持这一超声速几分钟，然后关掉火箭发动机，飞回地面。

在首次超声速飞行后，查克·耶格尔站在贝尔 X-1 实验型飞机的旁边。

为什么查克·耶格尔要去那么高的高空打破声障？

声音在海平面附近温暖稠密的空气中的传播速度大约是 1 223.1 千米／小时。然而在寒冷而稀薄的空气中，声音的速度会变慢。高空中的空气密度更小，物理学家和工程师认为在那样的高度应该更容易打破声障。已知海平面上约 12 000 米高度空气的温度和密度，科学家求出那里的声速应该减慢到只有 965.6 千米／小时。另外，科学家还发现，在这样的高度，不仅声速更慢，而且空气密度小，使得寄生阻力（摩擦产生的阻力）也很小。因此为了打破声障，耶格尔飞到海平面上约 13 000 米的高度，既减慢了声速又减小了寄生阻力。

飞行员和工程师在打破声障这个问题上有哪些担忧？

使飞机打破声障是航空领域中很多人的主要目标，但这个目标带有很多不确定性。飞行员和工程师都既好奇又担心，当飞机打破它自己向前运动所产生的压力波时，飞机的机动能力会怎样，飞机自身的结构会发生怎样的变化。

在第二次世界大战末期，有很多非常强大的战斗机型号。这些飞机都很坚固，拥有大功率的发动机和经验丰富的飞行员。然而，这些飞机俯冲时经常在半空中解体，很多优秀的飞行员就这样死去了。这些飞机存在两个问题：第一，飞机机翼没有后掠；第二，它们由螺旋桨驱动。当速度临近 1 马赫时形成冲击波，冲击波会像船产生的弓形波一样从机首弯向后方。如果冲击波遇到机翼（就是说，机翼伸过冲击波前沿），会对机翼产生巨大的力。一架超声速飞机的机翼总是被设计为完全处于冲击波前沿之后，因为冲击波前沿能把机翼从飞机上撕下来。螺旋桨在机翼上产生压力脉动：每次当一个桨叶转过去时，在它后面就产生一个微小的高压层，接着是一个低压层。所有这些问题结合在一起便引起了第二次世界大战时战斗机在半空中结构失效的悲剧。

超 声 速 飞 行

对于超声速飞行，为什么机翼的角度是非常重要的？

当一架飞机打破声障时，飞机前方的空气很难及时避让，被挤压的气体凝缩在一起形成了冲击波。为了降低打破声障的难度，航空工程师设计了更具空气动力学特性的机身和更高效的机翼。正如上文所提到的一样，为了避免结构上的失误，使飞行员安全地操纵飞机，超声速飞行的机翼必须保持在冲击波前沿之后。这种机翼后掠的设计，目前在很多商用飞机上广泛应用，它允许飞机轻易在机翼周围形成较大压力之前迅速地加速。三角形机翼，像在许多喷气式战斗机上的那样，又大又薄，这样在增大升力并减小阻力的同时还能将机翼保持在冲击波前沿之后。

使用后掠机翼也可能出现问题。当一架飞机飞得更快时，机翼上的升力的中心可能也会向后移动，引起飞机上力的不平衡，这可能会影响飞机的机动能力和安全性。其中一个典型例子是被称为"利尔喷气"的行政机。"利尔喷气"因为这一问题而声名狼藉，并且因为这一问题被限速在 0.8 马赫。

协和式飞机能飞多快？

自 1973 年以来，协和式飞机一直是商人们快速而昂贵的空中旅行的象征。这种属于英国航空公司和法国航空公司的飞往 85 个不同目的地的飞机是一种速度很快的飞机。造型优美的三角形机翼设计加上起飞和降落时向下倾斜的飞机机头，使这种飞机在海拔约 15 000 米的高空中速度能达到 2.2 马赫。

未来的空中旅行是什么样的？

波音、空客和麦克唐纳·道格拉斯等几家公司生产的飞机已经成为航空旅行的支柱。然而，在将来，飞机看起来会与现在有很大差异。航空工程师设计出了"飞翼"的雏形，它们淘汰了常规飞机的机身，所以看起来更像隐形轰炸机。在一架飞翼中可以乘坐 600 ~ 800 名乘客。许多人对此持批评态度：航空系统的企业认为这种能容纳很多人的飞机的需求量很小，而机场必须重新设计航站楼和跑道来容纳这样的飞机。许多专家认为应该在现有的较为成功的现代商用客机上做一些改变，比如喷气式发动机、驾驶舱操纵装置、机身和机翼材料等。

第 **6** 章
热和热力学

热

热 量 的 度 量

🌡 热量与温度有什么区别?

　　热量是为了使温度达到平衡，从温暖环境流向寒冷环境的能量总和。例如，如果用你的手指触摸一个热面包，热量会从面包流向手指，试图使面包与手指的温度相等。

　　温度是衡量物体冷热的尺度，通过显示一个物体相对于其他物体的冷热程度，显示出该物体的热能。典型的温标，例如摄氏温标和华氏温标，用于测量物体的温度相对于水的冰点和沸点有多高。

🌡 热素是什么?

　　在较早的时代，热被认为是一种叫作"热素"的物质。如果一个人有大量的热素，那么这个人就会感到温暖；如果一个人没有这么多热素，那么这个人就会感到寒冷。在研究热量的早期阶段，科学家认为热素可以流动，并且能通过接触比较温暖的物体获得热素。直到 18 世纪末至 19 世纪中期，物理学家才确定热并不是热素这样的物质，而只是物体内部原子活动的能量，这些能量可以很容易地转移到其他物体上。

卡路里是什么?

热量是能量的一种形式,因此使用以詹姆斯·普雷斯科特·焦耳的名字命名的单位。尽管焦耳是测量能量的国际标准单位,但热量也可以用卡路里来计算。1卡路里是使1克水的温度升高1℃所需要的热量。1卡路里等于4.186焦耳,这是一个相对较小的能量值。

营养学家用"大卡"来描述某种食物可以为进食者提供的能量。大卡实际上就是千卡(1大卡 =1 000卡路里)。

另一个用来测量热量的单位是英热单位,简称Btu。英热单位与卡路里相似,是使1磅(约0.45千克)水的温度升高1 ℉(1.8℃)所需要的能量。这个单位仅在美国等仍采用英制单位的国家使用,1英热单位等于252卡路里。

华氏温标是什么?

温标在某种程度上是人为制定的。德国物理学家加布里尔·华伦海特在1714年发明了第一个广为人知的温度计量方式——华氏温标。华伦海特使用第一支水银温度计,规定水的冰点是32 ℉(0℃),沸点是212 ℉(100℃)。

为什么华伦海特规定水的冰点是 32 ℉而不是 0 ℉?

华伦海特并没有将水的冰点定义为32 ℉。他将0 ℉定义为盐水混合物的冰点。因为盐会降低水的冰点,所以盐水混合物的冰点比纯水低。定义了盐水混合物的冰点与沸点之间的度数间隔之后,他发现纯水在32 ℉时结冰。

温度计的工作原理是什么?

大多数物体在获得热能时会膨胀,普通人所用的温度计利用这一原理来测量温度。温度计的细管和球状物中含有一定量的乙醇或者水银,这些乙醇或者水银在温度低时留在球状物中。当温度升高时,这些液体

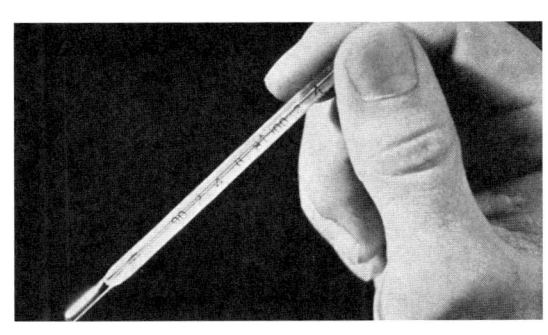

医用温度计

膨胀，向上进入温度计的细管中。随着液体的上升，旁边的刻度会显示出实际的温度读数。

为什么一些温度计使用水银？

华伦海特是第一个在温度计中使用水银而不是乙醇的人。华伦海特以及后来的科学家使用水银的原因是，随着温度的升高，水银有恒定而显著的膨胀率。换句话说，水银温度每升高1℃，温度计中水银膨胀或者"上升"的变化是非常显著的，并且数量相等；因此温度计的度数间隔均匀，而且度数之间的间距较大，这使得制造和阅读温度计相对更容易。然而，在极寒的气候条件下，比如在阿拉斯加或西伯利亚，人们通常会使用乙醇温度计，因为水银会凝固。

如果水银温度计破裂，接触到洒出的水银有没有危险？

水银是一种危险的金属，它能对人体造成巨大伤害，特别是对肾脏和神经系统。不应该碰触从破裂的温度计中洒出的水银，正确的方法是将其铲起，并作为有害物质处理。除非摄入或者接触到大量的水银，否则不会轻易发生水银中毒，但是处理水银时仍应采取适当的预防措施。水银不仅存在于温度计中，还存在于在用来测量大气压的气压计中。

谁发明了温度计？

一般认为，伽利略在1592年发明了温度计。但直到1713年，加布里尔·华伦海特才发明了第一个封闭管式水银温度计。次年，华伦海特定义华氏温标，为科学做出具有重大意义的贡献。

能用电来测量温度吗？

在科学实验室中，最常见的测量温度的方法就是利用电。测温设备用两根不同的金属线在两个不同的节点处连接在一起。这种设备通常是用铜或者铜镍合金制造的，叫作热电偶。当一个物体的温度发生变化时，热电偶上的电压差也会发生变化。这个电压差被测量，然后被转换成温度读数。热电偶能测量从−270℃到2 300℃的广泛温度范围。这是一个非常复杂的设备，因此它主要在实验室环境中使用。

如何用一块金属测量物体的温度？

热敏电阻是一种温度敏感的电阻器，它通过测量电流通过一块金属的难度来确定物体的温度。热敏电阻通常是用镍、锰和钴制成的，为了测量更高的温度，有时也用铂制成。当热敏电阻被放在被测物体上面或者内部时，它的电阻值表明物体的温度。

能通过摄像头看到热能吗？

热的物体释放热能。热能产生红外线，能被红外摄像头探测到。这些摄像头通常被用来确定人的身体或者物体的热辐射量。想要测量大范围区域的温度时，温度计是不实用的。因此，科学家使用红外摄像头来获得"温度图片"，被称为热成像图。

如何看热成像图？

测量物体或者区域发出的热量的热成像图是用颜色来确定温度的。通常，红色表示最高温度，而蓝色表示较低温度。热成像图在整个科学领域广泛应用，最著名的应用是识别人体内的恶性肿瘤和测量地面温度。

温度计和恒温器有什么区别？

温度计测量物体释放的热量，而恒温器不仅测量温度，还控制加热和制冷系统。

双金属温度计是什么？

双金属温度计利用两种金属的不同膨胀系数来测量温度。在这种温度计中使用的两种金属通常是铁和铜，被焊接或者盘绕在一起，形成一个双金属条。当温度升高时，铜比铁膨胀得更明显，这会导致双金属条弯曲。在双金属条上有一个指向刻度盘的指针，用来指示温度。大多数双金属条并不被用于温度计，而被用于恒温器，用来调节熨斗、熔炉以及其他加热设备的温度。

双金属恒温器是什么？

双金属恒温器与双金属温度计相似，但它的主要功能是决定加热器的启闭。双金

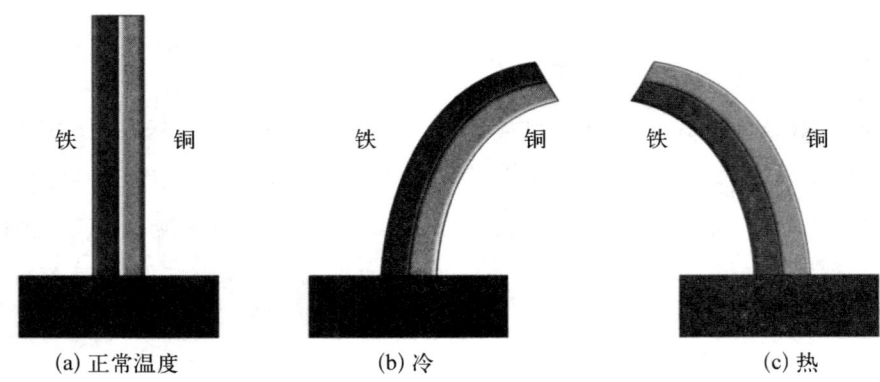

铁　铜　　　　　铁　　　　　铜　　　　铁　　　　铜

(a) 正常温度　　　　　(b) 冷　　　　　　(c) 热

▌双金属条因温度变化而弯曲。双金属条通常用在温度计和恒温器中。

属恒温器由一个电的回路和一根由两种不同的金属合在一起形成的金属条构成。当温度升高时，金属条下方的金属比上方的金属膨胀得更多，造成金属条向上弯曲。当金属条向上弯曲时，它断开了与电线的连接，切断了流向加热器的电流。当双金属条的温度降低时，金属条变直并回到原处，接通电的回路。电流给加热器发送信息，让它工作。

谁发明了摄氏温标?

摄氏温标是用瑞典天文学家安德斯·摄尔西乌斯的名字命名的。摄尔西乌斯将他的一生都奉献给了天文学，他大部分时间花在研究天空上。1733 年，他还出版了一本书，在这本书中记录了他对北极光的数百次观测的详细情况。摄尔西乌斯在 1742 年发明了摄氏温标。1744 年逝世，年仅 43 岁。

世界上大多数人使用哪种温标?

就像世界上大多数人使用米作为长度单位一样，他们也使用摄氏温标来表示温度。摄氏温标出现于 18 世纪初，它基于水的冰点和沸点。最初，规定水的冰点是 100°，而沸点则是 0°。瑞典生物学家林奈是摄尔西乌斯在瑞典乌普萨拉大学的同事，以对植物和动物的分类而闻名。他对摄氏温标做了一些改动，规定水的冰点为 0℃，沸点为 100℃。

热力学温标是什么？

热力学温标是由威廉·汤姆森·开尔文勋爵在1848年发明的，它被全世界的科学家广泛使用。绝对零度是表示零热能这一理论上的温度。热力学温标中相邻两度的间隔与摄氏温标中的相等，区别在于零度的位置。在摄氏温标中，零度是指水的冰点，而在热力学温标中，零度是指绝对零度。因此，热力学温标的0开尔文等于摄氏温标的−273.15摄氏度；摄氏温标的0摄氏度等于热力学温标的273.15开尔文。大部分科学家认为热力学温标更好，因为它不参照水结冰或者沸腾的温度，而是以理论上的绝对最低温度为起点。

华氏温标与列氏温标有什么关联？

就像热力学温标与摄氏温标相似一样，列氏温标与华氏温标也很相似。列氏温标和热力学温标一样，从绝对零度开始。列氏温标的0列氏度等于华氏温标的−459.7华氏度，列氏温标相邻两度的间隔与华氏温标中的相等。

有没有用几种温标分别表示温度的例子？

下面的表格提供了用4种主要温标表示温度的例子：

温　　度	摄氏温标（℃）	热力学温标（K）	华氏温标（℉）	列氏温标（°R）
绝对零度	−273.2	0	−459.7	0
水的冰点	0	273.2	32	491.7
普通人体温	37	310.2	98.6	558.3
水的沸点	100	373.2	212	671.7

不同温标之间的转换公式是什么？

从	到	公　式
华氏温标（F）	摄氏温标（C）	$C=5/9（F−32）$
摄氏温标（C）	华氏温标（F）	$F=9/5C+32$

从	到	公　式
热力学温标（K）	摄氏温标（C）	C=K−273.2
摄氏温标（C）	热力学温标（K）	K=C+273.2
华氏温标（F）	列氏温标（R）	F=R−459.7
列氏温标（R）	华氏温标（F）	R=F+459.7

绝 对 零 度

理论上的最低温度是多少？

理论上的最低温度被称为绝对零度（0 开尔文）。当气体的压强降低到零并且没有热量时，才能达到绝对零度。因为气体的压强永远都不会完全降低到零，所以绝对零度也就永远无法达到，它是一个纯粹的理论温度。

有人接近过绝对零度吗？

虽然没有人能达到绝对零度，但是物理学家在实验室中能达到毫开尔文（一开尔文的一千分之一）的温度。在一些应用中，甚至达到过微开尔文（一开尔文的一百万分之一）的温度。公布"最低温度"是没有意义的，因为目前的趋势是每几个月就会产生一个离绝对零度更近的新纪录。

存在理论上的最高温度吗？

虽然存在绝对零度，即热能和压力都不再存在时的温度，但是就目前所知，还没有理论上的最高温度。到目前为止，人类可以制造出的最高温度是核爆炸所产生的温度，高达 1 亿开尔文。

太阳系中行星的表面温度是多少？

对于有大气层（围绕在行星表面的混合气体）的行星，其平均温度相对稳定，因为大气层起到了隔热层的作用。下表列出太阳系各行星的日间温度：

行 星	日间温度范围（℃）	行 星	日间温度范围（℃）
水 星	−173 ~ 427	木 星	−163 ~ −123
金 星	427	土 星	−178
地 球	−25 ~ 35	天王星	−215
火 星	−63 ~ 27	海王星	−217

天文学家是如何确定太阳的温度的？

你可以感受到从热铁上散发出的热量，那种热量是以红外线的形式散发出来的。当铁变得非常热时，它会发出红光；当它变得更热时，它可能会发出白光。铁和其他物体的温度可以通过其散发的热量总量来测量，也可以通过它发出的光来测量。

科学家通过分析恒星的颜色和亮度来测量恒星的温度。通过这样的分析，物理学家得出结论，太阳的表面温度大约为 5 500℃。

物 质 的 形 态

物质有哪几种形态？

物质的三种主要形态是固态、液态和气态（一些科学家把等离子态看作物质的第四种形态，等离子态是比较接近气态的一种形态）。物质所具有的化学特性决定了它什么时候从一种形态转变为另一种形态。在温度比较低时，物质通常是固态；当内能增加时，物质从固态转变成液态，然后变为气态（很少转变成等离子态），例如水，从冰（固态形式）转变成水（液态形式），然后再转变成水蒸气（气态形式）。

物质有没有可能跳过液态，直接在固态和气态之间转变？

一些物质可以跳过液态，直接在固态和气态之间转变。实际上，只要提供足够的能量，二氧化碳（CO_2）就能从固态的干冰直接转变为气态，这个过程叫作升华。

等离子态是什么？

等离子态出现在气态分子中的原子被电离，即变成带电粒子时。当气体处于极高温时（通常是数万开尔文），气体中的原子碰撞会达到极其强烈的程度，从而导致原子破碎。原子破碎后，每个碎片都有自己的电荷，这就形成了等离子体。

只要达到能分解原子的高温，就会形成等离子体。等离子态的一个例子是太阳。太阳核心处即处于等离子态，温度达到 1 500 万开尔文。在地球上，当闪电照亮天空时，它在极短的时间里产生等离子体。

什么决定了升高物质温度所需的能量数？

物质的比热容决定了将一定质量的物质温度升高 1℃ 所需的能量总数。例如，将 1 克水的温度升高 1℃ 需要 4.2 焦耳的能量，而将 1 克铜的温度升高 1℃ 只需要 0.39 焦耳的能量。下面列出了一些普通的固体、液体和气体的比热容（1 千克物质温度升高 1℃ 所花费的能量的焦耳数）：

物　质	比热容（焦耳 / 千克）	物　质	比热容（焦耳 / 千克）
铝	899	银	235
铜	387	水	4 186
玻　璃	837	冰	2 090
金	129	水蒸气	2 010
铅	129	氦　气	2 190
铁	445	二氧化碳	833
木　头	1 700	氮　气	1 040
水　银	140	氧　气	912

把冰变成水与把水变成水蒸气所需的热能数是一样的吗？

不是。汽化（从液体转变成气体）比熔化（从固体转变成液体）需要更多的能量。物质改变形态所需的能量数叫作潜热。例如，将 1 克 0℃ 的冰转变为水所需的熔化潜热是 334 焦耳，而将 1 克 100℃ 的水转变为水蒸气所需的汽化潜热是 2 257 焦耳。

热 传 递

热传递有哪些方式?

无论是暖空气在客厅循环，小孩在热沙上行走，还是鳄鱼在高尔夫球场中间晒太阳，热能都从一个物体传递到另一个物体。循环的暖空气通过对流传递热能；接触灼热的沙子通过传导传递热能；而暴露于电磁辐射，特别是红外线，这种传递方式被称为辐射。

从暖气管道吹出的热气为什么能使房间升温?

对流是热能在流体（如液体或气体）中的传播方式。当热气进入房间时，它直接使周围的空气变暖。温暖的空气比周围密集的冷空气轻，因此上升：暖气流向上运动，然后飘浮在稠密的冷空气上方。在安装供暖系统时，出风管道通常被安置在比较低的墙上或者地板上。这样，上升的热气就能充满整个房间。

对流是如何形成海风的?

简而言之，地球大气中的对流产生风。

在海边，白天太阳通过辐射红外线，使空气变暖。而岸上的空气比海上的空气更容易受热。岸上的空气在对流气流中上升，而海上的空气流向岸边来填补上升的暖空气留下的"缺口"。这样，来自海洋的冷空气的流动形成了我们所说的海风。

到了晚上，太阳下山后，海上的空气比岸上的空气更温暖，情况就反过来了。海上的暖空气上升，而微风从岸边吹来，填补这个"缺口"。

热能是如何在整个铁锅中传递的?

当铁锅被放到炉子上时，来自锅的热能不可避免地会传递到铁柄上。从锅到柄的热传递过程被称为传导。传导发生在热能通过物体流动时。在这个例子中，热能在整个铁锅中传递。铁原子来回剧烈振动。粒子发生碰撞，锅的内能增加。虽然炉子只加热了铁锅的底部，但是铁的导热性使内能扩散到整个铁锅以及与锅接触的任何物体。

良好的热导体通常是含有自由电子的金属。自由电子是指获得了足够的能量时能很容易地从一个原子"跳"到另一个原子的电子。当导体的内能增加时，是自由电子在从一个原子运动到另一个原子，并且原子之间还发生碰撞，使热能传递到锅柄。

为什么瓷砖地板感觉更冷，而地毯则不那么冷？

当两个物体之间存在温差时，就会发生热传递。热量只能从较热的物体传递到较冷的物体。而且，两个物体之间的温差越大，需要传递的热量就越多。

瓷砖地板感觉比地毯更冷，因为瓷砖是更好的热导体，也就是说，它能更好地传热。假设这两种材料的温度相同；然而，由于瓷砖的导热性比地毯更好，因此它从你的身体吸收热能的速度比地毯快。你的脚在瓷砖上更快地失去热能，所以你在瓷砖上就会感觉比在地毯上更冷。这是热传导的另一个例子。

爱斯基摩人的冰屋为什么能保暖？

尽管雪和冰不是热源，但冰雪内部的空气却起到了极好的隔热作用。许多小型哺乳动物建造雪洞来保暖，就是利用了雪的隔热性能。在气温低于 0℃时，许多农场主使用同样的原理来保护农作物。他们在农作物上喷水，水结冰后，这些农作物就会受到导热性很差的冰的保护。

▎冰雪内部的空气起到了极好的隔热作用。

太阳是如何通过辐射传递能量的?

当一只鳄鱼在高尔夫球场草地上晒太阳时,它正在吸收直接来自太阳的能量。这种太阳发出能量的方式叫作辐射。热辐射不是通过对流或传导来传递热能,它通过电磁波来传递热能。当红外线照到鳄鱼(或人或植物)时,红外线的能量激发物体的分子并引起它们的振动。正是这种红外辐射引起的振动温暖了鳄鱼。

为什么通常穿白色衣服感觉比穿黑色衣服凉快?

白色表面反射光谱中所有颜色的光,而黑色表面吸收光谱中所有颜色的光。能量的吸收使物体内部的原子变得活跃,产生振动并增加物体的内能。当物体内能增加时,物体的温度也随之升高。因为黑色物质比浅色物质吸收更多的能量,所以它们会变得更热。

热 力 学

热力学是什么?

热力学是研究热运动的物理学领域。研究热力学的物理学家探讨如何利用热能以及怎样将其转化为不同形式的可利用能源。热力学中有热力学第零定律、第一定律、第二定律和第三定律。

热力学第零定律

热力学第零定律是什么?

热力学第零定律是一个非常简单的定律,因此,很多物理学家认为它并不是很重要。第零定律指出,温度是决定热能从一个物体流向另一个物体的重要因素。如果两个物体温度相同,那么它们相互之间就不会交换热能。如果其中的一个物体具有更高的温度,那么它会放弃一部分内能,并将其以热量的形式传递给另一个物体,直到两者达到热平衡。

热力学第一定律

🌡 詹姆斯·普雷斯科特·焦耳对热力学做出了什么重大贡献?

詹姆斯·普雷斯科特·焦耳为科学做出了意义重大的贡献。在一次实验中,他确定在一个容器中旋转的轮叶能使水的温度升高。通过指出在容器中旋转的轮叶的机械能使水温升高这一现象,他证明了功和能量使周围物体的温度升高。焦耳的这一发现导致了热力学第一定律的形成。

🌡 热力学第一定律是什么?

热力学第一定律是能量守恒定律的另一种表述。它表明能量可以改变形式,但能量是守恒的。热能是能量的一种,它可以被转换成不同的形式——包括机械能、电能和其他形式的能量。

汽轮机是应用热力学第一定律的一个绝佳例子。水蒸气带有能量,发散一些能量去驱动涡轮运转,旋转的涡轮转移一部分能量产生电流或者其他形式的机械运动。而在这个过程中,能量的总量是固定的,它只是从一种形式转变为另一种形式。

热力学第二定律

🌡 热力学第二定律是什么?

热力学第二定律有两个部分。第一部分与热力学第零定律类似,阐明热能只会自由地从热环境流向冷环境。第二部分叫作熵。熵是一个系统中无序度的度量。当一个系统越来越趋近平衡时,它也会变得更无序,熵值也就随之增加。这两部分结合在一起,构成了热力学第二定律。我们用一副叠放整齐的纸牌(代表物体的能量)落向地面(代表熵)的例子来说明这个定律。当叠放整齐时,纸牌是有序的,熵值很小(类比于物体是热的)。然而当掉到地面时(像热能自然地流向冷环境一样),纸牌是无序的,熵值增大(类比于物体变冷,不像之前有那么多能量)。使纸牌再次变得有序的唯一方法是把它们捡起来(类比于做功,从而升高温度),让它们重新变得有序。

冷凝和汽化的过程都有关热力学第二定律。下面的问题针对这些过程进行讨论。

在炎热的天气中，为什么瓶子外壁会积聚小水滴？

水并不是从容器中渗出的，水滴来自容器周围的空气。当具有大量内能的水汽与容器中更慢更冷的分子相遇时，容器会吸收大量的水汽的能量。这使得水汽变凉并减速，从气体转变成液态的小水滴。

当温暖的水汽碰到玻璃杯中较冷的分子时，发生冷凝现象。

冷凝还有什么例子？

当屋里温暖潮湿时，窗户内侧会出现冷凝现象。高能量的水汽在碰到凉的（通常是单层玻璃）窗户时，会减速并变成小水滴。

云是如何形成的？

当暖空气通过对流上升时，因为大气压的变小而膨胀。在膨胀的过程中，温暖的水汽迅速冷却凝结，在空中形成小水滴。小水滴逐渐积聚，与空中的其他颗粒粘在一起，形成了云。

液体是如何蒸发的？

分子并不是只有沸腾成气体时才能脱离液态。能量较高的分子通过蒸发过程也能脱离液态。所有的液体都具有"表面张力"：我们可以粗略地比喻为所有液体都有一层稠密而坚韧的覆盖物，就好比水果的外皮。分子要离开液体，就必须穿过这层覆盖物，所以必须要有足够的能量。因此，如果一个分子具有的能量大于它穿过这层覆盖物所需的能量，它就可以穿过覆盖物，并且在这一过程中损失能量。这意味着只有高能的分子能蒸发。能量越大意味着温度越高，因此如果高能分子离开液体，剩下的液体的温度就会降低。

蒸发为什么会是一个冷却过程？

如果不是因为蒸发，我们的身体很快就会过热。当我们感到热时，皮肤就会出汗，汗水会蒸发。在温暖的环境下（比如在我们的皮肤上），蒸发的过程会加快。通过吸收我们皮肤上的热量，汗水中的分子有足够的能量来脱离我们的身体并蒸发到空气中。汗水从我们皮肤上吸收热量并迅速蒸发，为我们的身体提供了一个有效的冷却系统。

冰箱是如何制冷的？

细菌能导致食物腐败，所以大多数食物需要通过降温以减缓有害细菌的生长。例如，如果没有冷藏，牛奶和其他乳制品在几个小时内就会变质。冰箱通过蒸发过程，将冰箱内的暖空气排出，从而使食品保持低温。

在大多数冰箱的后面，有一组换热器。压缩机对氟利昂或其他制冷剂加压，并将高温气态的制冷剂推入换热器中。在进入换热器后，气体向房间释放热量，迅速冷却并凝结成液体。冷却的液体吸收冰箱内食物和空气的热量。在获得大量的热量后，液态氟利昂开始在换热器内沸腾。然后，压缩机对氟利昂加压，重复上述的过程。

为什么新型冰箱和空调不再使用氟利昂？

氟利昂是一种制冷剂，由美国特拉华州威尔明顿的杜邦公司首先开发。氟利昂是制冷领域发展的一个重大突破，因为它性质稳定，这就意味着把它放在厨房里是安全的。在氟利昂被开发出来之前，像氨气和乙醚这样的危险化学物质被用作制冷剂。氟利昂是一种氯氟烃（CFC），其中的氯原子会飘到大气层的上层，这对臭氧层造成了非常严重的破坏。臭氧层是阻挡有害的紫外线的重要屏障。人们自 20 世纪 70 年代就认识到氟利昂对自然界的破坏，但是直到 20 世纪 90 年代早期，才颁布法律，禁止在新的冰箱和空调中使用氟利昂。不幸的是，氯破坏臭氧分子后并不会消失，它继续存在并破坏更多的臭氧。实际上，更多的氟利昂仍然在向大气层上层飘去，因为氟利昂到达那样的高度要花上好几年的时间。

人们用什么代替氟利昂？

要在冰箱或空调中有效制冷，所采用的液体制冷剂必须是易蒸发的。氯氟烃是理想的流体，取代了曾经使用的有毒的氨气。现在人们开发出更安全的气体——氢氟烃，从而取代了含氟的制冷剂。不过，氢氟烃虽然对环境更友好，但却没有氯氟烃的效率高。

卡诺循环是什么?

法国物理学家尼古拉·莱昂纳尔·卡诺提出,一台理想的发动机应该将所有的热能都转化为有用的机械能;他还表示,这样的发动机是不可能被制造出来的,因为这台发动机必须是可逆的,这样它可以将发动机周期内转换的所有能量转换回它原来的形态。接近于理想状态的"卡诺效率"的发动机已经被制造出来,只是因运动部件的摩擦而造成了一定的能量损失。

热力学第三定律

热力学第三定律是什么?

热力学第三定律指出,绝对零度——理论上的最低温度、没有能量的温度——是永远也达不到的。科学家们已经用实验室中的实验结果证实了这一点。如前所述,物理学家能达到一百万分之一开尔文这么低的温度,但是从来没能达到绝对零度,并且根据热力学第三定律,永远无法达到绝对零度。

第**7**章
波

波 的 性 质

 波是什么？

波是在不传递物质的情况下，将能量从空间某一点传递到另一点时形成的振动。在介质或者物质中的振动形成机械波，机械波从振动点向外传播。例如，一颗小石子落入一池水中，会在水中产生垂直振动，而波沿着水池的平面，水平向外传播。

 波有哪两个主要类别？

横波和纵波是波在物理学中的两个主要类别。

横波可以通过上下抖动绳子产生。虽然绳子是上下移动的，但振动产生的能量从振动源垂直传出。

纵波的振动并不垂直于波的传播方向，正相反，振动的方向与波传播的方向是一致的。纵波的介质彼此压缩（密部），然后又立即相互拉伸（疏部）。纵波的最好例子是声波，声波是空气或水等介质的一系列往复的纵向振动。

 什么决定了波的速度？

波的速度取决于它在什么介质中传播。当波进入一种新的介质中时，该介质的弹性和密度的不同会引起波速的变化。一般而言，介质密度越大、弹性越大，波就传播得越快。

在某种特定的介质中，所有同类型的波都会以相同的速度传播。例如，声波在 0℃ 的空气中的传播速度是 331 米 / 秒。不管是什么频率的声波都会一直以这个速度传播，直到介质发生变化。

 关于波，有哪些常用的术语？

下表列出一些波的常用术语及解释：

波的类型	术语	解释
横波	波峰	波的最高点
	波谷	波的最低点
纵波	密部	质点分布最密的区域
	疏部	与密部相邻，质点分布最疏的区域
横波和纵波	振幅	从中点到最大位移点（波峰或者密部）的距离
	频率	单位时间内产生的振动的次数；周期的倒数
	周期	波完全振动一次所用的时间；频率的倒数
	波长	从波上的一点到下一个相同点的距离；波的长度

 波的频率、波长与速度之间有什么关系？

只要波保持在一种介质中，它的速度就会保持不变。既然波的速度不会改变，那么改变的只能是频率和波长。计算波速的公式是：波速 = 频率 × 波长。因此，如果波的频率增加了，由于速度保持不变，波长一定减小。频率和波长相互成反比。

例如，声波在 0℃ 的空气中的传播速度是 331 米 / 秒。如果声波的频率发生了变化，波长也会发生如下变化：

速度（米 / 秒）	频率（赫兹）	波长（米）
331	128	2.59
331	256	1.29
331	512	0.65
331	768	0.43

波的频率和周期之间有什么关系？

波的频率是指单位时间内振动的次数，以赫兹（Hz）为单位，1 秒振动 1 次为 1 赫兹。波的周期是指波振动 1 次所花费的时间。两者相互成反比。

例如，如果一个波需要 1 秒的时间来上下振动 1 次，那么这个波的周期就是 1 秒。频率是周期的倒数，即 1 次 / 秒，因为 1 秒内波只振动了 1 次。如果一个波需要半秒的时间来上下振动 1 次，那么这个波的周期就是 0.5 秒，而频率是周期的倒数，所以频率应该是 2 次 / 秒。因此，我们应该记住，波的周期越长，频率就越低；而波的周期越短，频率就越高。

海　　浪

参见"运动"一章。

 海浪是什么类型的波？

海浪看起来像是横波，可实际上却是横波与纵波的组合。水波中的水分子在极小的环形路径中上下振动。水波的环形路径使波浪呈现起伏的外观。在波峰处，水分子倾向于向外散开，形成疏部；而在波谷，水分子被压缩，形成密部。

 风是如何吹起海浪的？

风与水面摩擦是海浪产生的主要原因。由于水跟不上风速，水面会上升然后下降，从而产生人们熟悉的波浪状运动。根据风速以及风在水面上吹过的距离，会产生不同大小的波浪。

 如何确定海浪的速度？

通过测量两个连续波峰之间的距离，即波长，我们可以确定海浪的速度。波长越长，波浪传播得越快。小的表面波浪，如由风吹起的涟漪，移动得非常慢，因为它的波长很短。相比之下，海啸是由海底的地震扰动形成的，波长非常长，可以以极快的速度传播。波浪的速度也与其所携带的能量成正比，这解释了为什么海啸会对海岸地带造成如此大的破坏。

为什么海浪在接近海滩时会破碎？

海浪在接触到悬崖之前几乎不会破碎。海浪只在深度逐渐减小时（比如在海滩处）才会破碎。深度逐渐减小的海岸比深度急遽减小的海岸更能让海浪产生壮观的的破碎效果。

海浪破碎的原因与波的速度和水的深度有关。高速的海浪具有更长的波长和更大的振幅。当海浪向海滩移动时，它倾向于保持速度继续前进。然而，当海洋深度减小时，海浪的底部会逐渐遭受越来越大的摩擦力，导致海浪的下部比海浪的上部运动得更慢。当海浪下部减慢速度时，波峰的惯性仍会将这部分水带过波谷。当没有足够的水来支撑波峰时，海浪就会破碎。

冲浪与滑雪有哪些相似之处？

冲浪与滑雪的不同之处是冲浪通常比滑雪更暖和一些。然而，两种运动有一个主要的相似点：都要求运动员带着板沿斜坡向下滑行。在滑雪运动中，斜坡是被雪覆盖的山

冲浪者

坡，而在冲浪运动中，斜坡是破碎的海浪形成的上升水面。冲浪的理想条件是在靠近海滩时海洋深度极其缓慢地减小，这样海浪就具有巨大能量。当冲浪者从浪上下滑时，波峰前沿的水在冲浪者的脚下不断升高，使冲浪者能够踩在浪上，实际上并没有向下移动。冲浪运动一直持续到海浪的能量消失、海浪破碎为止。

最好的冲浪海滩在哪里？

最好的冲浪海滩位于海洋中波长较长的地方。波长决定了波的速度。波长越长，波速就越快。另一个判断标准是接近海岸处的深度是渐变的还是大起大落的。当水的深度是海浪高度的 1.3 倍时，海浪趋于破碎。因此，一个水深逐渐减小的长海滩对冲浪来说是最好的去处。

美国西海岸和夏威夷州的怀基基海滩都非常适合冲浪。太平洋上具有一些波长很长、水深逐渐减小的海滩，这些是世界上最好的冲浪海滩。

海啸是什么？

海啸并不是风或者潮汐引起的，而是海底的地震和火山喷发引起的。地震产生了巨大的向上的力，与向水中投掷石头相反。大型海啸并不常见，当大型海啸到达海岸时，由于巨大的波长，它们具有强大的破坏性。大多数海啸的浪高只有 1 ~ 2 米。

2004 年 12 月 26 日发生在印度尼西亚的海啸是最惨烈的海啸之一。海啸掀起的滔天巨浪高达 10 米，巨浪冲向海岸，造成了约 30 万名居民死亡或失踪。夏威夷也是海啸多发区。在过去的 200 多年里，曾有 40 次海啸袭击过夏威夷群岛。

电 磁 波

电磁波是什么？

光、无线电波和 X 射线都属于电磁波。电磁波是一种特殊的横波；它由两个垂直的横波构成，其中一个波是振动的电场，而另一个波是相对应的磁场。

所有的电磁波都以光速传播，而特定类型的电磁波能用它们的频率或波长来定义。

此外，电磁波与其他横波的决定性区别在于电磁波传播时并不需要类似空气、水或者钢铁这样的媒介。无线电、γ 射线和可见光都能在真空中传播。

电磁波是如何产生的？

电磁波是由原子中运动的电荷产生的，这些运动的电荷产生一个电场，进而产生一个对应的磁场。来自运动电荷的能量（不一定均匀）辐射到电荷周围的区域。

电磁波谱是什么？

电磁波谱把电磁波按照频率从低到高编列成图，从频率最低的无线电波一直到频率非常高的 γ 射线。在电磁波谱中间的一小部分包含了可见光。

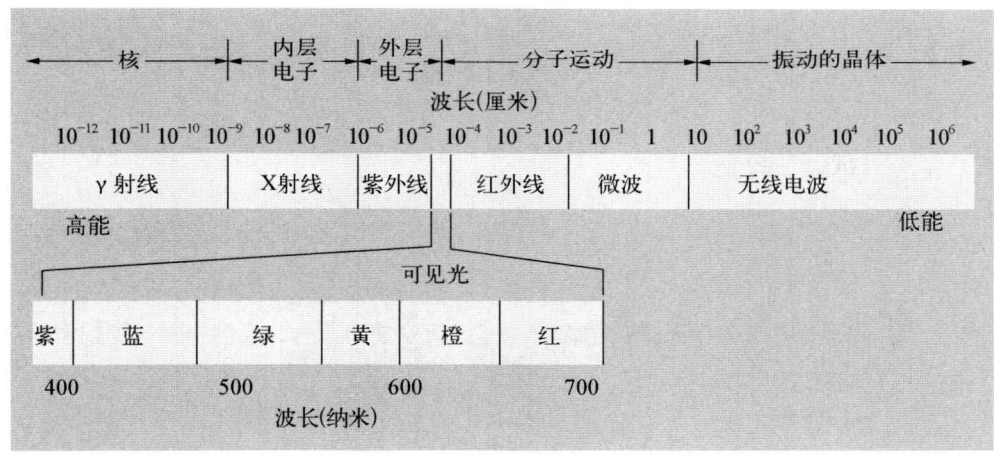

电磁波谱

谁预言了电磁波的存在？

1861 年，詹姆斯·克拉克·麦克斯韦研究并证明了电场与磁场之间的数学关系。1873 年，麦克斯韦撰写了《论电和磁》。在书中，他通过 4 个微分方程描述了电磁场与电磁波的性质，这 4 个方程就是现代物理学家所熟知的"麦克斯韦方程组"。尽管麦克斯韦从来没有在实验室中证明过他的理论，但人们依然认为是他预言了这种特殊的波的存在。

从 1871 年到 1879 年去世，麦克斯韦一直是英国剑桥大学教授。他出版了几本关于热力学和物质运动的著作，还发展了空气动力学理论，并在颜色视觉领域做了大量的研究。虽然麦克斯韦在公众中并不出名，但是他在科学界备受尊敬，并被认为是与牛顿和爱因斯坦齐名的伟大的物理学巨擘。

 ### 谁证明了电磁波的存在?

直到海因里希·赫兹设计了一台无线电发射机和接收机，人们才发现电磁波不仅存在于纯粹的数学理论之中，在现实中也是真实存在的。通过研究，赫兹证明了电信号可以通过电磁波传输并以光速行进。正是赫兹在电磁波方面的突破为收音机和无线电报的发明铺平了道路。由于在电磁波领域做出的卓越贡献，人们用赫兹的名字作为频率的单位。

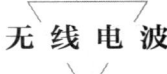

无 线 电 波

 ### 无线电波是声波吗?

尽管收音机常常被用来收听音乐，但实际上传送到收音机的波是电磁波。无线电波不是声波，然而在某种情况下，它们将信息传送到收音机而产生声波。一旦天线接收到无线电波，收音机内部的电路就会将这种电磁波转换成电信号，电信号发送到扬声器并被转换成我们耳朵能接收到的声波。

 ### 天线如何发射和接收无线电波?

电视信号和广播信号天线被用来发射和接收无线电波。发射天线使电子振动，振动的电场产生振荡的磁场，从而产生电磁波的传播。当接收器被调整到一个特定的频率时，无线电波在接收天线中引发电流，这股电流被发送到无线电接收器。

 ### 天线的长度和无线电波的接收有关系吗?

天线的长度决定了它接收的最佳频率。收音机和电视机天线的一般规则是，天线的长度应该是它所要接收的无线电波的波长的一半。这样，接收天线中的感应电流能够在那个特定频率上产生共振。

这一规则的例外是环形天线。晶体管收音机内部使用的是磁性环形天线，只接收调幅广播频段上的低频无线电波。要接收低频波段的无线电波的话，长度为波长一半的直天线一定非常长。晶体管收音机内部的环形天线能对无线电波的振荡磁场做出反应，感应到巨大电流。

家用收音机和电视机天线通常具有较宽的带宽但增益较小。较宽的带宽使得天线能够接收的频率范围更大。然而，较宽的带宽牺牲了天线的增益，即灵敏度。

谁发明了无线电设备？

1895 年，20 岁的意大利发明家古列尔莫·马可尼创造了一台能在 2 千米以上的距离发射和接收无线电波的设备。后来在改良了天线以及发明了简单的放大器后，他的无线电报机获得了英国专利权。1897 年，他将信号发射到距离岸边 29 千米的船上。4 年后，他能发送横越大西洋的无线电报。由于在无线电发射机和接收机上做出的卓越贡献，马可尼成为 1909 年的诺贝尔物理学奖得主之一。

千赫（kHz）、兆赫（MHz）和吉赫（GHz）是什么？

频率的单位是赫兹（Hz），是以发现电磁波的德国科学家海因里希·赫兹的名字命名的。赫兹代表了每秒波的振动次数。无线电接收器上经常有千赫（kHz）、兆赫（MHz）和吉赫（GHz）的字样。1 千赫代表 1 000 赫兹；1 兆赫代表 100 万赫兹；1 吉赫代表 10 亿赫兹。

古列尔莫·马可尼和他的无线电设备

通信中有哪些不同频段的无线电波和微波？

下表是不同频段的无线电波和微波及它们的应用：

频 段	名称及缩略形式	用 途
3 赫兹 ~ 300 赫兹	极低频（ELF）	电报、电传打字机
300 赫兹 ~ 3 千赫	音频（VF）	电话线路
3 千赫 ~ 30 千赫	甚低频（VLF）	高保真
30 千赫 ~ 300 千赫	低频（LF）	海上移动通信、导航无线电广播
300 千赫 ~ 3 兆赫	中频（MF）	陆地及海上无线电、无线电广播
3 兆赫 ~ 30 兆赫	高频（HF）	海上及航空移动通信、业余无线电
30 兆赫 ~ 300 兆赫	甚高频（VHF）	海上及航空移动通信、业余无线电、电视、气象信息
300 兆赫 ~ 3 吉赫	特高频（UHF）	电视、军事、远程雷达
3 吉赫 ~ 30 吉赫	超高频（SHF）	太空和人造卫星通信、微波通信
30 吉赫 ~ 300 吉赫	极高频（EHF）	无线电天文学、雷达

 短波无线电通信是什么？

短波无线电是为全球业余无线电爱好者留出的频段。业余无线电的频率主要位于高频范围，也有一些位于中频和甚高频。

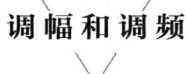

调 幅 和 调 频

 调幅是什么？

调幅是一种用无线电波传输信息的方法。尽管无线电波本身不传输声波，但它携带着产生特定声波所需的信息。声波是一种纵波，通过介质的拉伸和压缩而产生。调幅信号能通过调制发射的无线电波的振幅来表示拉伸和压缩的程度。空气压缩，产生高振幅的无线电波。空气拉伸，产生低振幅的无线电波。无线电接收器测量振幅的变化并将信息传送给扬声器，扬声器根据信息做出调整，发出适合的声波。

调频是什么？

调频通过无线电波频率的细微变化来决定扬声器应当发出的声波。为了表示压缩，波的频率略微增大；为了表示拉伸，波的频率略微减小。单个的调频电台比调幅电台频段更广，频率细微波动也不会干扰到相邻电台。

为什么调频电台通常收音效果比调幅电台更好？

调频电台比调幅电台的收音效果更好，这是因为调频电台以最大功率发射无线电波。调幅通过改变无线电波的振幅来将信息传输给接收器，因此，调幅信号永远无法以最大功率传输。而调频能持续以最大功率发射信号，只需稍微改变频率。由于调幅信号的功率较小，接收器会接收到其他电磁波，因为接收器无法区分真正的信号和其他电磁噪声。调频波段接收器可以区分噪声和信号，因为传输的信号强度超过背景噪声。

调幅和调频位于电磁波谱的什么位置？

调幅广播的频率范围是 550 ～ 1 600 千赫。调频广播的频率范围是 88 ～ 108 兆赫。其他的无线电频段，如警用频段、电视频段和短波通信，也使用调幅和调频的通信方法来传输信息。

除了调频无线电通信外还有哪些系统使用调节频率的方式传送声音信息？

除了在 88 ～ 108 兆赫的调频无线电通信外，其他广播频率也使用调节频率的方式以最大功率传送信息，这与调幅中使用变化的功率不同。电视机、移动电话和微波无线电系统都使用调频来传输高保真的声音信息。由于这些频率处于无线电频谱的高端，只有在视距内才能有效地使用调频。

为什么许多微波传输系统正在从调频转变为调幅？

一些高频微波传输系统正在从调频转变为调幅，因为在如此高的频率下，波动范围非常小，其他频道的干扰与调幅一样普遍，而且，调幅广播技术也在不断发展。许多高频微波传输系统选择被称为单边带的方式传输信号。单边带调制使微波系统传输的声音信号达到传统调频微波系统的 3 倍以上。然而，随着技术的不断进步，该系统又被脉冲编码调制取代，这是一种数字传输系统，可以传送更多的即时信号。

📡 调频电台如何传输立体声？

立体声意味着由两个扬声器发出两种独立的声音。然而，无线电波每次只能传输一个频率，很难从两个扬声器中产生两种不同的声音。

根据美国联邦通信委员会的规定，调频的频率只能在扬声器中产生 50 ～ 15 000 赫兹的声波（人的听力范围是 20 ～ 20 000 赫兹）。尽管扬声器不能产生超过 15 000 赫兹的声音，但接收器可以接收这种高频信息。播放立体声的电台会向接收器发送一个 19 000 赫兹的"导频信号"，这一信号携带着播放立体声所需的信息。

📡 调频和调幅频段的传播距离有多远？

在均匀的介质中（如低层大气），所有的电磁波都沿直线传播。因此，大多数的无线电波只能在所谓的视距内传播。这意味着如果在传输的路径中有山脉或地球曲率阻碍了无线电信号，接收器就会超出范围，收不到信号。这就是为什么大多数广播天线都安装在高层建筑物或者山上，以增加视距范围。

然而，低频的无线电波（频率低于 30 兆赫）可以被地球的电离层中的带电粒子反射。调幅频段的无线电波不会像高频的电磁波那样穿过电离层，它们可以被反射回地面，并且显著地增大传播范围。另外，电离层在傍晚时分的反射条件极佳，可以将从传输塔上发出信号的距离增加到数千千米。尽管调频电台有更高的保真度，但调幅广播有更大的覆盖范围。

微 波

📡 微波是如何用于通信的？

微波是频率为 3 吉赫 ～ 30 吉赫的超高频电磁波，经常被用来在较窄的频段内传输大量信号。微波通常用于传输电话、电视、雷达和气象信息。微波产生于速调管和磁控电子管中。微波以其可靠性与无误差传输而著称，但是由于山脉、建筑和地球曲率等干扰因素，很难使用微波远距离传输信号。

微波的传输方式有两种。第一种是视距传播（距离不能超过 30 千米）；第二种是将信号发送到人造卫星上，再由人造卫星反射回接收天线。

除了通信，微波还有哪些其他用途？

除了通信，在世界各地的日常生活中，微波被广泛应用在厨房中。微波炉产生超高频波，并将它们分散到整个炉腔中。微波的频率能引起水分子的共振，使它们彼此碰撞。碰撞引起的摩擦将水的动能转化为热能，从而加热食物。任何含有水的物质都可以被微波炉加热。

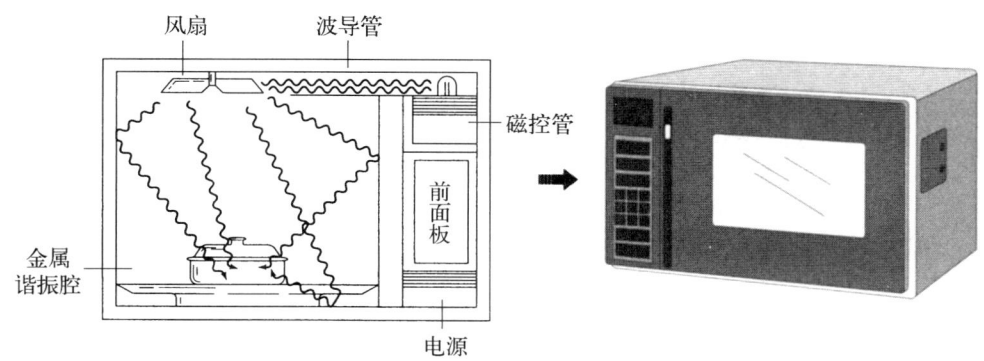

在微波炉中，磁控管产生微波，风扇将微波导向炉腔。微波在金属壁上反射，直至被食物吸收，从而加热食物。

为什么不能将金属物体放入微波炉中？

制造商警告消费者不要在微波炉中放置金属容器和铝箔，主要有两个原因。第一个原因是金属可能会阻碍烹饪。微波炉通过使食物内的水分子产生共振来加热食物。如果食物被铝箔覆盖或放在金属容器中，微波将无法接触到水分子，也就不能完成烹饪食物的任务了。第二个原因是为了微波炉本身的安全。对于微波来说，金属就像一面镜子。如果微波炉中放置了过多的金属，那么微波将不会被食物吸收，而会不断反射。当微波炉里的微波达到超负荷状态时，就会损坏产生微波的磁控管。

微波炉炉门上的格栅有什么功能?

使用微波炉的人想要看到微波炉中加热的食物处于什么状态,却又不想受到微波引起的潜在伤害。为了阻止微波穿过塑料或玻璃炉门,使用有很多小孔的格栅,将微波反射回炉中。微波(波长约为 12 厘米)对于小孔来说过大,不能穿过格栅。但是可见光的波长比小孔的直径小,可见光可以很容易地穿过格栅。尽

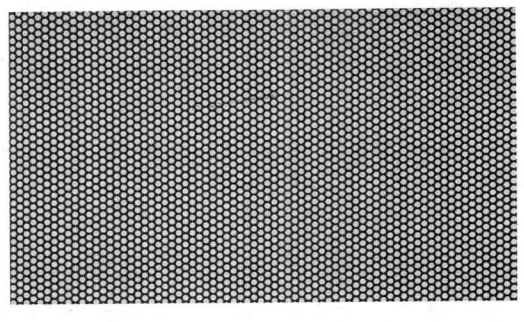

微波炉炉门上格栅的特写镜头。

管格栅可以保护人免受微波的伤害,但是如果不经常清洁炉门,微波仍然可以从门缝处漏出。

微波炉可以用来烘干吗?

微波炉可以加热水分子并最终将其蒸发,所以任何潮湿的东西都可以在微波炉中烘干。然而,将物体放在微波炉里之前要考虑一个极其重要的因素——要烘干的物体本身不能含有大量的水分。如果要烘干弄湿的书、纸张和杂志,那么微波炉是个很好的工具。但切勿使用微波炉干燥植物或动物。微波加热所产生的体内水分子共振会导致生物死亡。

阻尼、叠加和阻抗

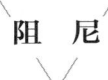

阻　尼

水波、声波和机械波能一直传播下去吗?

如果波在一个没有摩擦的环境里传播,比如电磁波在真空中传播,那么波会以恒定的速度传播,直到它进入介质中。然而,地球上有大量摩擦力。摩擦力将波的一部

分能量转化为热能，所以波的振幅不断减小。这种波的振幅逐渐减小的物理现象叫作阻尼。

在声波中可以观察到阻尼。随着时间的推移和距离的增加，由周围的气体分子所引起的摩擦使声波的振幅逐渐减小。

电波也会经历阻尼。因为电线会产生摩擦，所以横波在电线中传播时，能量会减少。如果电波经过了相当远的距离，那么电波振幅会大幅度地减小，以至于接收器上都可能显示不出电脉冲。为了避免这样的情况，必须加大电波的振幅以避免信号丢失。

在阻尼使波彻底消失之前，人们通常使用放大器增大波的振幅。

叠 加

相长干涉和相消干涉是什么？

两个波相遇时并不会相互碰撞和摧毁，它们会相互作用并穿过对方。波之间的相互作用叫作叠加。波相互作用时，振幅会增大或减小。如果正振幅相互干涉，会产生更大的正振幅；如果负振幅相互干涉，会产生更大的负振幅。这被称为相长干涉。两个振幅正负相反的波彼此作用就会产生相消干涉。在干扰波相互作用之后，它们会各自以干扰前的速度继续行进。

礼堂为什么会有声音死角？

设计不合理的礼堂会有声音死角。声音死角是声波相互作用、产生相消干涉的地方。例如，舞台上的独奏者向听众发送声波。有些声波会撞到礼堂的墙壁上，有些声波则直接传到听众的耳朵里。在某些地方，声波会与反射波形成相消干扰，甚至干扰的程度能使两个波互相抵消。因此，坐在那些特定座位的听众就听不到独奏者的声音了。然而，坐在声音死角旁边几个座位的人可能就不会遇到相消干扰，并能清楚地听到独奏者的声音。此外，坐在小号声音死角的人可能能听到长号的声音，因为长号的声波不是来自同一个音源，不会造成相消干扰。（有关声学工程方面的实用方法，参见"声和声学"一章。）

畸形波是如何生成的？

　　同一场暴风雨产生的两个水波相遇后形成相长干涉，这时就会生成畸形波。因为暴风雨的路径变化得非常迅速，所以水波也在向不同的方向传播。当它们相遇时，就形成了一个巨大的振幅。在 1979 年的英国帆船比赛上，15 米高的畸形波毁坏了几十艘船，15 人在此事故中丧生。

 战斗机如何利用相消干扰来误导敌方雷达？

　　法国"阵风"战斗机使用了一种可以帮助战斗机躲避雷达的装置。雷达（radar）是一个缩写词，完整的英文词组为"radio detection and ranging"，意为"无线电探测与测距"。对军队来说，雷达是一种非常有效的导航和预警系统。它向大气层发送电磁波，反射波撞击物体，通过测量波的频率和时间，雷达能探测外部物体。为了躲避雷达，"阵风"战斗机使用了"主动消除"的技术。在接收到一个电磁波时，战斗机发送一个与入射雷达波相差半个波长的电磁波。两个波相互作用形成的相消干扰抵消了原有的信号。没有接收到返回的信号，敌方就无法确定飞机的位置。

 隐形飞机是什么？

　　可以躲避雷达探测的飞机被称为隐形飞机。它们特殊的形状和角度可以使雷达波发

▍B-52 隐形轰炸机

生偏转。有些隐形飞机的外部机身甚至可以完全吸收雷达波，使其不能反射回敌方的雷达发射器。（更多有关空气动力学和飞机的信息，参见"流体"一章。）

 驻波是什么？

当连续的波被物体表面反射，彼此重叠时，就会产生驻波。如果设定的频率可以使初始波和反射波完美重叠，那么波看起来就像静止不动一样。驻波上有两个明显的部分。静止的部分叫作波节，在波节之间上下剧烈运动的部分叫作波腹。为了产生驻波，必须精准调整波的频率和在反射前所传播的距离，才能让波看起来"停驻不动"。

 驻波的波节和波腹是如何产生的？

初始波和反射波相重叠，产生驻波的两部分。一个部分出现在发生相长干涉的地方。当波峰与波峰相重叠，或者波谷与波谷相重叠时就会形成相长干涉，导致振幅变大。发生相长干涉的部分叫作波腹。另一个部分是由相消干涉形成的，相消干涉的部分叫作波节。当波峰和波谷相干扰而彼此抵消时产生波节，波节不会上下移动。

 乐器的驻波是如何形成的？

许多乐器依靠驻波来发声。在管风琴内振动的空气中，在小提琴或吉他的弦上，在小号或长笛的空气柱中都会产生驻波。要改变乐器的音调，乐器中的驻波也会改变。改变管乐器的长度，或者改变弦乐器的弦的长度和张力，会产生不同频率的驻波，产生不同的音。

共 振

 自然频率是什么？

所有具有弹性的物体都有一个自然频率。当物体用最小的能量来维持振动时就达到了自然频率。物体的自然频率主要取决于它的物理属性，特别是物体本身的弹性。

 如何实现共振？

当连续波的频率达到最大振幅的驻波时，就会发生共振。要实现共振，必须有一个力持续地以该物体的自然频率振动物体。共振发生后，只需要很小的力就能维持共振状态。

 在运动场上也能找到共振吗？

当我们还是孩子时，就与共振现象息息相关。孩子在荡秋千时使用手臂和腿以帮助自己来回摆动。当到达某个特定频率时，孩子会发现自己不需要再继续用力荡起秋千了。此时，他的运动与秋千的自然频率一致，只需要很小的力就可以使秋千维持最大振幅摆动。然而，如果孩子或家长在不恰当的时间推动秋千，秋千上的共振就会被破坏。只要外力与秋千的自然频率相吻合，就能维持最大振幅和共振。

 共振是如何导致水晶杯破裂的？

在美瑞斯公司盒式录音磁带的广告中，埃拉·菲茨杰拉德做了一个物理实验。广告中，这个著名的歌手发出一个极其纯净的音，这个音的频率恰好能使水晶杯破裂。她的声音的频率与水晶杯的自然频率相同。

当埃拉·菲茨杰拉德发出的声波冲击水晶杯的分子时，声音能量的一部分从声波的动能转化为水晶杯的动能。水晶杯中的分子振动越来越剧烈，直到达到共振。当达到共振频率时，形成了巨大的振幅，导致水晶杯破裂。

 共振是如何导致美国华盛顿州的塔科马海峡大桥坍塌的？

塔科马海峡大桥建于 1940 年，人们给它起了个绰号"舞动的格蒂"，因其不同寻常的起伏而闻名。所有的桥都会在某种程度上振动，但是对于许多驾驶者和乘客来说，这座位于塔科马的吊桥更像是游乐场的游乐设施而不是一座桥。

塔科马海峡大桥开放 4 个月后，1940 年 11 月 7 日上午刮起了风，风速大约 67 千米/小时。这种中等强度的风冲击着桥面的钢梁，使桥面来回振动。虽然自从向公众开放以来，这座桥每天都在振动，但是，使工程师和目击者震惊的是，桥比以往任何时候更加剧烈地振动，看起来在两个高塔之间形成了一个驻波。在桥的中央有一个明显的波节，在波节的每一侧都有一个波腹。整个上午，扭转波的振幅一直在增大，这意味着桥即将产生共振。在几个小时的剧烈振动后，桥面彻底坍塌。唯一的遇难者是一只叫作"塔比"的小狗，它的主人幸免于难，却把这只小狗留在了车里。

工程师认为，坍塌并非由大风导致，是风使桥身以自然频率振动造成的。自然频率不仅由建桥的材料决定，而且与桥塔之间的距离有关，桥塔之间的距离正好与一个完整的振动波长相等。如果一个物体以自然频率振动了足够长的时间，就有可能形成共振。在这个事例中，是共振造成了桥的坍塌。如今，土木工程师对这个事例进行了认真的研究以避免类似事件的发生。（更多桥梁的信息，参见"静物"一章）

1940 年 11 月 7 日，塔科马海峡大桥以自然频率振动时引起了共振，最终造成了桥的坍塌。

扭转波是什么？

塔科马海峡大桥产生的就是扭转波。扭转波不仅在垂直方向位移，而且会形成波状的扭曲。塔科马海峡大桥产生的扭转波在两个方向上实现了共振。第一个共振表现为整个桥身的起伏，而第二个共振表现为桥两侧发生的扭曲。

管风琴是如何发出声音的？

管风琴通过管内空气分子的共振来发声。从管口进入的气流使附近的空气振动，产生的压力差使管内其他空气分子振动。管内振动的气体形成驻波，从而产生管风琴特有的悦耳共鸣声。

乐音的频率取决于管风琴的长度。管子越长，频率越低；管子越短，频率越高。可以通过向玻璃瓶和塑料瓶吹气来制作简易的管风琴。只需增加或减少瓶内的液体来改变空气柱长度，就可以调整声音的频率。然而，管风琴的音质并不完全取决于空气柱的长短，管风琴的材料和形状也有影响。

 共振会导致水晶杯破裂，那么它们能用来演奏音乐吗？

如果共振驻波的能量足够大，那么水晶杯就很容易破裂。但是当振幅较小时，水晶杯就可以发出声音。用手指摩擦水晶杯湿润的杯口时，水晶杯会发出嗡嗡声，像在唱歌一样。摩擦使水晶杯产生了驻波，或许还可能发生共振。水晶杯中振动的分子产生足够大的能量来振动周围的气体并发出稳定的嗡嗡声。

可以用改变管风琴声音频率的方式（改变气柱的高度）来改变水晶杯的声音频率。具体地说，可以通过增加或减少杯子里的水来实现这一目的。

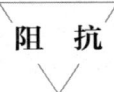

阻 抗

 阻抗匹配是什么？

当波从一种介质传播到另一种介质中时，波的一部分能量进入新的介质中，而另外一部分能量会反射回原有的介质。为了使波的能量更多地进入新的介质，需要在两个介质中使用阻抗匹配设备，使能量的过渡更为顺畅并且阻止反射。

 阻抗匹配是如何应用在减震器中的？

当汽车颠簸时，减震器可以减小汽车的振动。减震器可以匹配振动的阻抗，这样振动就不会使汽车反复上下摇晃。为了避免振动在车身和轮子之间来回反射，减震器的活塞推进充满液体的汽缸中。液体（通常情况下是油）吸收了振动的大部分能量，显著地减小了汽车上下振动的幅度。有效的减震器能迅速地完全吸收能量，让汽车最多上下弹跳两次。

 阻抗变换器是什么？

当波遇到新的介质时，要用阻抗变换器来匹配阻抗。有了阻抗变换器，波就可以在新旧介质之间更为光滑、缓和地过渡，两种介质之间不会形成突然的障碍。需要根据波和介质的不同，选择不同的阻抗变换器（比如四分之一波长阻抗变换器和锥形阻抗变换器）来帮助减少反射。比如，当电波进入不同类型的电器设备时，可以使用阻抗变换器来减小或增大进入设备的电流量。如果没有阻抗变换器来实现平稳过渡，则波的阻抗将不能匹配，会产生反射的电波。

锥形阻抗变换器存在于隔音室或录音棚。发出的任何声音都能够被墙上的阻抗匹配材料所吸收。呈 V 形的特殊泡沫材料被用作阻抗变换器，它能够逐渐地将所有声音都吸收到墙壁里。从空气介质到墙壁介质的逐渐过渡可以防止声音反射回空气中。

照相机镜头是四分之一波长阻抗变换器的一个实例。镜头上的四分之一波长涂层将光波吸收入镜头，不让光反射回空气中。

换能器是什么?

换能器的作用是将一种波转变为另一种波。电话听筒是一种换能器，它将声波转变为能通过电话线传输的电信号。而话筒同样是一种换能器，能把电信号转变成声波。光电管也是一种换能器，它可以将太阳的电磁波转变为电信号。

多 普 勒 效 应

多普勒效应是什么?

多普勒效应是指由于物体的位置相对于观测者发生了改变，波的频率会发生变化。多普勒效应最著名的例子是赛车在赛道飞驰时会发出"呜——咻"的声音。当赛车与发出的声波同向移动时，声波会聚集，从而产生"呜"的声音——声波的聚集导致频率增高，从而产生高音。当赛车与声波背道而驰时，连续波之间的间隔会变大，从而产生"咻"的声音——声波频率的降低导致声音变低。

多普勒效应是以谁的名字命名的?

多普勒效应是以奥地利物理学家克里斯琴·约翰·多普勒的名字命名的。多普勒在观测双星时，发现了物体移动会导致频率的改变。他发现物体接近或离开某一点的速

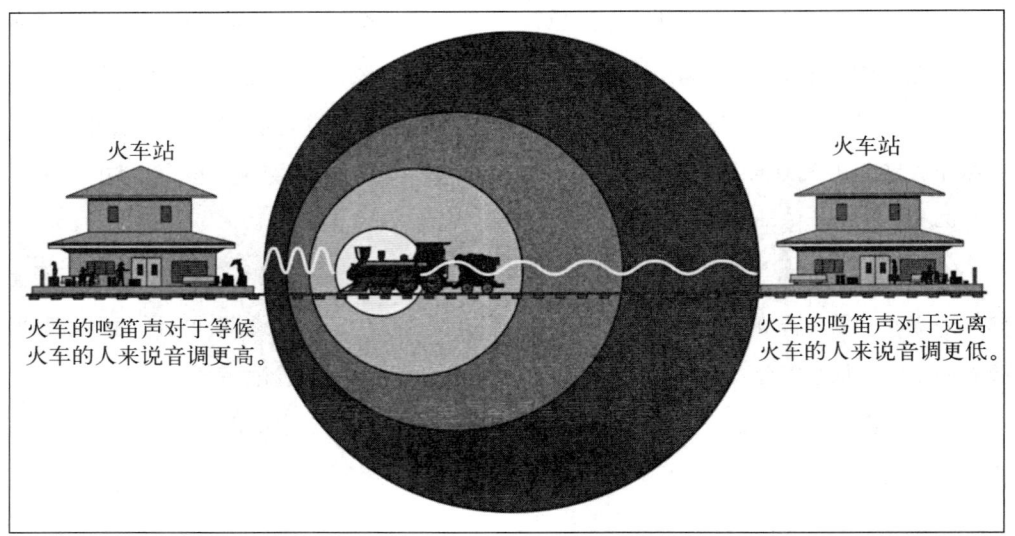

火车站　　　　　　　　　　　　　　　　　　　火车站

火车的鸣笛声对于等候
火车的人来说音调更高。

火车的鸣笛声对于远离
火车的人来说音调更低。

多普勒效应

度越快，频率的变化就越大。多普勒通过观察得出的结论被广泛地应用在当今的科技世界里。

 红移和蓝移是什么？

　　可见光的范围从低频的红色、橙色和黄色到高频的绿色、蓝色、靛青色和紫色。天文学家在观测行星、恒星和星系时，利用多普勒效应来测量物体运动、自转或公转的速度。比如，土星的自转速度可以通过观测土星自身的多普勒效应来测量。土星的一侧转向地球时，它的另一侧就会转离地球。转向地球的那一面反射的光的频率变高，称为蓝移。相反，远离地球的那一面反射的光的频率变低，称为红移。根据多普勒效应，行星的速度不同，会导致光的频率变化不同。这种颜色上的变化，加上颜色的强度，使天文学家确定土星的自转速度约为 3.7 万千米 / 小时。

 天文学家观察到大多数星系有红移现象，这一事实意味着什么？

　　天文学家观察到宇宙中的大多数星系有红移现象，这意味着总体上，其他星系正在远离我们的银河系。这种情况只有在整个宇宙膨胀时才会发生，这是推动宇宙大爆炸理论发展的最大动力之一。

警察使用的雷达枪是如何应用多普勒效应的？

警察在检查超速车辆时也会用到多普勒效应。雷达枪会发出某个特定频率的雷达波，当雷达波碰到车辆时，波会以不同的频率反射回雷达枪。反射波的频率取决于车辆的行驶速度。速度越快，频率越高。计算初始波与反射波的频率差，雷达枪就可以确定车辆的速度了。

雷　　达

 雷达是什么？

雷达（radar）是"无线电探测与测距"（radio detection and ranging）的缩写。雷达通过发射电磁波，测量反射波的时间、频率和方向变化，来确定物体的位置和速度。现在，雷达被广泛应用在各个领域中，但是最初使用雷达是出于军事目的，在能见度低的情况下，雷达可以帮助人们确定船和飞机的位置。

 谁发明了雷达？

1935 年，苏格兰物理学家罗伯特·沃森-瓦特为英国军方制造了第一个雷达防御系统。英国政府最初要求他制造一种能将纳粹飞行员烧死在座舱内的设备，沃森-瓦特解释说这是不可能的，但利用 20 世纪 30 年代早期的科技，制造一个可靠的预警信号系统还是有可能的。沃森-瓦特借鉴了赫兹和马可尼（无线电设备和天线的发明者）等物理学家的研究和突破，开发出英国雷达网络。该系统能侦测到在英国海岸 100 英里（约 160.9 千米）之外的敌机。

具有讽刺意味的是，沃森-瓦特在 19 年之后成为自己发明的技术当之无愧的受害者。根加拿大警方称，沃森-瓦特在公路上超速行驶，被警察的雷达枪监测到。沃森-瓦特心甘情愿地交了罚款，然后开车离开。

 除了应用在军事领域外，雷达还有哪些用途？

在第二次世界大战期间，雷达在军事领域不断发展和完善。与此同时，公众也开始意识到雷达可以应用到日常生活中。如今的"下一代气象雷达"系统大大提高了天气预报的准确度。通过使用雷达报警器，坐飞机出行变得更为安全，家庭也得到了保护。核磁共振成像利用雷达技术来诊断严重的疾病。

天文学领域是如何应用雷达技术的？

雷达天文学通过发射雷达波并分析雷达波的反射来计算太阳系内物体的位置、速度和形状。在 20 世纪 60 年代早期，雷达被用来确定地球和金星之间的精确距离。之后，从"麦哲伦号"太空探测器发射出雷达波，来绘制金星表面地图。雷达天文学在确定太阳系中物体之间的距离方面大有作为，却尚未被用来测量太阳系之外的距离。

射电天文学与雷达天文学有什么区别？

雷达天文学通过测量人工发射的无线电波的反射波来测定物体的形状、位置和速度。射电天文学是雷达天文学的一个变种，它不发射无线电波并等待反射波，它只是监听宇宙中其他来源自然发出的信号。

射电天文学家能监听到什么？

射电天文学家测出杂波图，以精确测算其他星系、脉冲星和类星体的位置和特性。为了监听这些信号，他们使用射电望远镜。射电望远镜的形状类似于大型的卫星天线。射电望远镜能够探测到 1 毫米至 1 千米之间的任何波长。

第 8 章
声和声学

声 波

🔊 声音来源于什么?

机械振动产生声波。一般说来,声音来源于振动的物体,该物体引起周围介质的振动。音叉是一个极佳的振动声源的例子。受到击打后,音叉以特定的频率来回振动。这种振动使周围的空气分子以同样的频率来回振动,这就形成了密部(分子紧密的区域)和疏部(分子分散的区域)。

🔊 声波是什么类型的波?

由密部和疏部组成的波(比如声波)叫作纵波。和横波一样,纵波传播所经过的介质不会从发射者传递到接受者,分子只是在固定的位置来回振动。

听 觉

🔊 人是如何听到声音的?

耳朵是人和其他一些动物探测声音的器官。耳朵包括 3 个主要部分:外耳、中耳和内耳。

外耳包括被称为"耳郭"的软骨组织。耳郭的大小和形状使其具有类似于阻抗变换器的作用,它通过逐渐将声波的能量传递进耳朵,使阻抗与进入耳朵的声波相匹配。为了听到更多的声音，人可以将手掬成杯形放在耳后。这种做法增加了接收声音的面积，增强了过滤声音的能力。

一旦声音进入外耳道，就会向鼓膜移动。纵波根据密部和疏部的频率和强度，将鼓膜向内或向外推动。在鼓膜内侧是人体最小的3块骨头：锤骨、砧骨和镫骨。这3块骨头和鼓膜相连，将声能传递到内耳。

内耳就像是一个换能器，将声音的纵波转变为电的横波，输送给大脑进行分析。锤骨、砧骨和镫骨在前庭窗上来回振动，使内耳中的液体振动。耳蜗中的振动的内淋巴液激活了耳蜗内长短不一的纤毛。根据振动液体的频率，特定长度的纤毛会在该频率下共振，将神经冲动发送给听觉神经，听觉神经将信息以电波的形式传递给大脑进行分析。

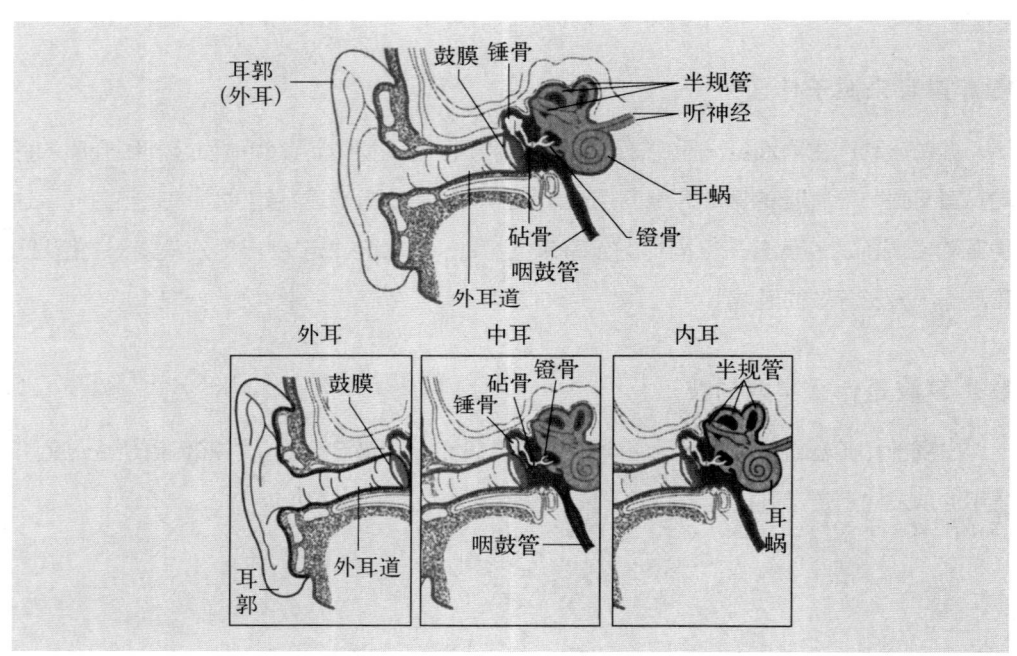

▌人类的耳朵

🔊 为什么录下来的声音听起来和本人的声音不同？

每个人听到的自己说话的声音都是独一无二的。当你说话时，你听到的自己的声音是通过身体传播的声波和通过空气传播的声波共同作用的结果。为了发出声音，人会振动声带，而声带又会振动声带周围的不同介质。这些介质不仅仅是空气，还包括组织和骨骼。声波在这些介质中传播的速度各不相同，并在撞击耳朵时产生略微不同的声音。因此，我们在录音中听到自己的声音会觉得很滑稽，因为我们没有听到声波在我们的身体内传播后发出时所带有的特殊特征。

🔊 为什么在听完喧闹的摇滚音乐会后总会耳鸣？

在离开喧闹的摇滚音乐会后，很多人抱怨总能感觉到耳朵里有耳鸣声。摇滚乐会产生了高音量的声音，对耳朵里的纤毛产生破坏，因此耳朵里出现了杂音。共振的物体经常受到损害。当声音达到纤毛的自然频率时纤毛就会产生共振。如果声音极大并且持续了一段时间，就会引起纤毛破坏性的共振并最终导致纤毛受损。耳鸣实际上是纤毛死亡的表现。通常情况下，耳鸣会在音乐会的第二天消失，但实际上已经造成了永久性损害，因为这些纤毛细胞永远不会再生。尽管听力损失的影响可能需要长年累月反复暴露于喧闹的声音才会最终显现，但它可能严重影响生活质量。

🔊 在喧闹的摇滚音乐会上保护耳朵的最佳方法是什么？

为了防止纤毛细胞受到伤害，首先要做的是增加你的耳朵和扬声器之间的距离。声音的强度与距离的平方成反比。简单来说，人离扬声器越远，声音的强度就越低。如果将距离变为原来的 2 倍，那么声音的强度就会变为原来的 1/4。

保护耳朵的第二种方法是减弱进入耳朵的声波。很多摇滚明星经过多年渐进性的听觉损失后，开始使用耳塞以减小进入耳中的声波的振幅。戴上耳塞能减少耳蜗中的液体传递给纤毛的能量。但是令人遗憾的是，绝大多数听众并不懂得应在摇滚音乐会上戴上保护耳朵的工具。

"声音花园"乐队的成员之一克里斯·科内尔在音乐会上使用耳塞。

声　　速

🔊 声速快还是光速快？

光传播的速度比声速快了将近 100 万倍——确切地说，光速是声速的 88 万倍。光和其他所有电磁波以 3×10^8 米／秒的速度传播，而在常温的空气中，声音的速度大约只有 340 米／秒。

声速与光速的差异可以在棒球比赛中观察到。在外野看台上的观众先看到击球手击球，然后才能听到球棒击球时发出的声音。与光相比，声音的延迟是相当大的。

🔊 有没有办法计算出闪电离我们有多远？

闪电和打雷是同时发生的。然而，在一般情况下，光传播的速度大约比声音快 88 万倍。虽然在闪电出现的同时观察者就能看到闪电，但听到雷声却需要一段时间，具体时间根据观察者距离的远近而定。

根据光和声音传播速度之间的差异，可以计算出闪电离我们有多远。在看到闪电后，计算听到雷声前经过的秒数，将闪电和雷声相差的秒数除以 5，就得到打雷和闪电发生的距离（以英里为单位，1 英里约合 1.6 千米）。例如，如果你看到一道闪电，大约 10 秒后听到雷声，将 10 秒除以 5，就可以知道闪电和打雷的地点是位于 2 英里（约 3.2 千米）远的地方。

🔊 炎热的天气和寒冷的天气，声音在哪种情况下传播速度更快？

空气分子在潮湿炎热的环境中移动更快，因为其内能增加。由于声音的传播依赖于分子相互碰撞来产生密部和疏部，分子的弹性增加有助于声波传播得更快。因此，在潮湿炎热的天气里，声音传播得更快。而在干燥凉爽的天气里，空气分子不那么容易振荡。

声音在空气中的传播速度的公式是：

$$v = 331 + 0.6 \times T$$

其中，v 代表声速，单位是米／秒，T 代表摄氏温标下的温度。温度每升高 1℃，声速增加 0.6 米／秒。

🔊 谁确定了声音需要介质才能传播？

17 世纪 60 年代，英国科学家罗伯特·波义耳证明了声波必须通过某种介质才能传播。波义耳将一个铃铛放在密闭容器中，将空气逐渐抽空，铃声会逐渐减小，直到声音完全消失。

🔊 牛顿贡献了哪些关于声音介质的知识？

尽管牛顿的研究主要集中在几何光学原理和经典力学领域，但是他在声音领域也有一些重大发现。他主要的贡献是对声波传播的研究。他证实了声音在某种介质中的传播速度取决于这种介质的特性。具体来说，牛顿证明了介质的弹性和密度决定了声波的传播速度。

🔊 声波在不同介质中的传播速度是多少？

声波在介质中的传播速度取决于几个因素，比如密度、温度、弹性，以及介质是固体、液体还是气体。介质的弹性越大，声波的传播速度越快。下表列出了声音在不同介质中的传播速度：

介 质	声速（米／秒）	介 质	声速（米／秒）
空气（0℃）	331	铅	1 960
空气（20℃）	343	木材（橡木）	3 850
空气（100℃）	366	铁	5 000
氦气（0℃）	965	铜	5 010
水 银	1 452	玻 璃	5 640
水（20℃）	1 482	钢 铁	5 960

🔊 如何利用声音来确定是否发生了全球变暖？

海洋气候声学测温计划（ATOC）提出了一个有争议的实验，这个实验有助于测定全球变暖的程度。该实验表明，目前大气全球变暖程度只达到最初研究预测的一半。许多气象学家认为是海洋吸收热量导致了大气温度仅略微升高。为了证实这个理论，必须测量海洋的温度以便检验它们是否真的从空气中吸收了热量并因温室效应而变暖。

为了测量海洋的温度，ATOC 建议在海底放置大量扩音器，它们重复发射频率为 75 赫兹的响亮声音，每次持续 20 分钟。接收器连接在中央计算机上，安装在海洋的另一端，用来接收信号。计算机会计算声音从扩音器所在地（夏威夷或加利福尼亚）传到接收器所在地（分布在新西兰和美国阿拉斯加之间）所需的时间。通过测量声音传播所需的时间，科学家能确定在实验期间水的温度是变高还是变低。

声波是测量水温的一个有效的方法，原因有几个。首先，声波的传播速度会根据其所在的介质的不同而变化。介质温度越高，声波传播得越快。事实上，水温每升高 1℃，声波每秒钟多传播 4.6 米。通过测量声波传播的时间，科学家可以算出传播的速度和水的温度。其次，在水中发射声波是测量温度的有效方法，这是因为声波在水中不会像在空气中那么容易减小振幅。这就形成了一种可靠、有效和独特的测量全球变暖的方法。然而，这个计划存在一定的争议，因为有些科学家认为采用了这个计划后，一些人类听不到但海洋生物能听到的声音会对海洋生物造成伤害。ATOC 提出的发射低频声音可能会对海洋生物造成一定的影响。

超声学和次声学

🔊)) 人耳能接收的频率范围是多少？

人耳的解剖结构决定了人类能听到的频率范围是 20 ～ 20 000 赫兹。这个范围的临界频率可能很难听到，但是有些人（尤其是年轻人）可以很清楚地听到这些频率。

🔊)) 人耳最容易检测到哪些频率？

人耳最容易检测到的频率范围是 200 ～ 2 000 赫兹。尽管人耳也能听到其他频率的声音，但是人耳对于 200 ～ 2 000 赫兹的声音最为敏感。

🔊)) 其他动物听觉的频率范围是多少？

下表列出了人和其他动物听觉的频率范围：

动　物	最低频率（赫兹）	最高频率（赫兹）
人	20	20 000
狗	20	40 000
猫	80	60 000
蝙　蝠	10	110 000
海　豚	110	130 000

超　声　学

🔊))) 超声波是什么？

超声波是指高于人类听力频率范围的声音。超过 20 000 赫兹的声音不能被人听到，但是确实是存在的。一些动物对超声波频率特别敏感，比如海豚使用超声波彼此交流，蝙蝠使用超声波作为"导航"和捕食的工具。

🔊))) 声呐是什么？

声呐（sonar）是一个缩写词，全称为"声音导航与测距"（sound navigation ranging）。声呐是一种利用声波测定声源和物体之间距离的装置。声波（通常是超声波的嘀嗒声）从声源发出，被某个物体反射回到声源处的接收器。测量声波往返的时间，就可以利用声速计算声源和物体之间的距离。

人和其他动物都使用声呐，主要作为导航工具。船上的测深仪、建筑中的探测器和测距仪，以及运动监测器等都采用了声呐技术。海豚、蝙蝠等动物利用声呐进行导航、捕食和交流。

🔊))) 超声检查是什么？

超声检查是一种不需要物理进入人体就可以对人的组织和器官进行检查的方法。超声检查系统将高频声波（通常为 5 ~ 7 兆赫）导向人体要检查的部位，测量声波反射回机器所需的时间。通过分析接收到的反射模式，计算机可以在显示器上呈现出相应的视觉图。

有时超声波被用来代替 X 射线，因为它没有辐射，对接受检查的人更为安全。产科医师用超声波来检查胎儿的发育过程和可能出现的问题。这种方法也被用来检查身体的器官和系统（比如神经、循环、泌尿和生殖系统）。超声波不能用来检查骨骼结构，因为超声波会被骨骼结构吸收。

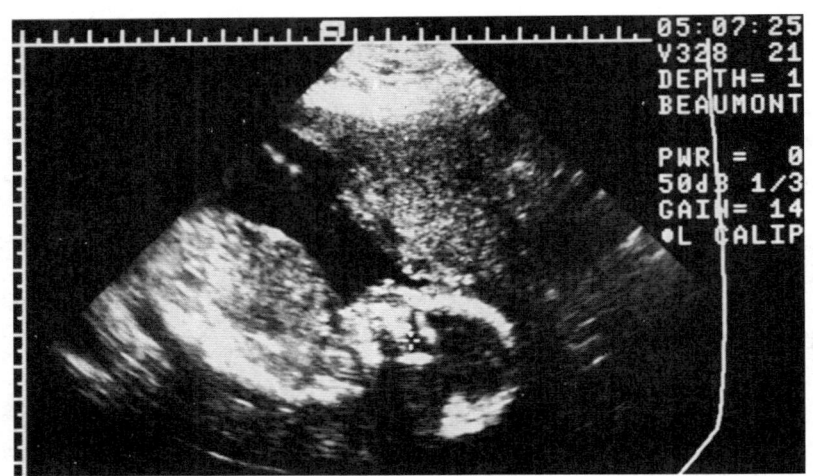

▌ 胎儿的超声图像

次 声 学

 **次声波是什么？**

超声波是指高于人类听力频率范围的声音，而次声波（或亚声波）是低于人类听力频率范围的声音。次声波通常情况下是由振动较慢的物体（比如桥）发出的，频率低于 20 赫兹。大象能发出低至 12 赫兹的声音，而核爆炸能产生低至 0.01 赫兹的次声波。

次声波是如何提供龙卷风预警的？

科学家在使用可以探测次声波频率的声音传感器时，偶然发现了龙卷风的漩涡会产生低于人类听力频率范围几赫兹的声音。龙卷风与管风琴相似，当漩涡大时产生低频的声音，当漩涡小时产生高频的声音。龙卷风所产生的次声可以在 100 英里（约 160.9 千米）以外侦测到，所以次声波可以帮助人们提前预报龙卷风来袭。

🔊 次声波有危险吗?

有研究表明，以次声波频率振动的桥梁可能会使住在附近的人出现心律不齐。桥梁发出的低频声波人类听不到，但据推测这些声波可能会对心脏有影响。然而，这尚未得到证实。

声　强

🔊 声强是什么?

声强是描述声波能量大小的物理量。对于所有机械波（包括声波）来说，能量由振幅决定。声波的振幅代表了声强，即音量。振幅越大，声音越大。

🔊 音调由什么决定?

音调是声音的频率和强度的结合。一个音量较大的高频声音比音量较小的相同频率的声音具有更高的音调。同理，一个音量较大的低频声音比音量较小的相同频率的声音具有更低的音调。

🔊 多普勒效应与音调有什么关系?

多普勒效应表明，当波源向观测者移动时波长会缩短，而当它远离观测者时波长会增长。声波也是如此。当声源在移动时，波长会改变，音调也会改变。

🔊 为什么声源向远处移动，声音会减小?

这个问题有两个主要的答案。第一，声波的振幅或强度在传播过程中会因为空气分子之间的摩擦而减小。第二，声波并不是在狭窄的路径中传播的，它呈球状向周围介质扩散（如果声音不向四周扩散，我们就很难听到声音；假设这种情况存在，我们想让别人听到信息就必须发出能直接传输到他们耳朵里的声波）。发出的声音中的能量大小是固定的，所以当面积增加时，单位面积上的能量就会减少。

当声源向远处移动时，声强会减小多少?

　　声强与距离的平方成反比。比如说，如果某人距离说话者 1 米远，声强为 1 单位，那么这个人移动到距离说话人 2 米远的地方，声强即 1/4 单位，移到 3 米远的地方，声强将变为 1/9 单位。

◀))) **分贝是什么?**

　　分贝（dB）是国际通行的相对声强的单位。这里的"相对"是因为测量值是将响度水平与参考水平相比较。通常情况下，参考水平为人的听阈。分贝标度是一个对数标度，每增加 10 分贝，声音的响度将增加 10 倍。比如说，40 分贝是 30 分贝的 10 倍响，50 分贝是 30 分贝的 100 倍响。

　　下面的表格显示出一些典型的声音环境，这些声音是人的听阈的多少倍，以及这些声音与听阈相比的相对声强是多少：

声音环境	声音是人的听阈的多少倍	相对声强（分贝）
听觉损失	1 000 000 000 000 000	150
火箭发射	100 000 000 000 000	140
喷气式发动机（50 米远）	10 000 000 000 000	130
痛阈	1 000 000 000 000	120
摇滚音乐会	100 000 000 000	110
割草机	10 000 000 000	100
工厂	1 000 000 000	90
摩托车	100 000 000	80
汽车	10 000 000	70
真空吸尘器	1 000 000	60
正常的讲话	100 000	50
图书馆	10 000	40

声音环境	声音是人的听阈的多少倍	相对声强（分贝）
低语	1 000	30
风中树叶的沙沙声	100	20
5 米远的呼吸 / 耳语	10	10
听阈	0	0

🔊 人在不感到疼痛的情况下，能接受的最大分贝是多少?

人类的痛阈因人而异，但通常在 120 分贝和 130 分贝之间。在非常喧闹的摇滚音乐会上和喷气式发动机、电钻等旁边，人们可能会感受到疼痛。

🔊 美国关于听力保护有什么统一标准吗?

美国联邦法规规定在雇员工作达到 8 小时、日常噪声水平达到 90 分贝的工作场所，雇主必须为员工提供免费的听力保护。比如，割草机的平均分贝水平大约是 100 分贝，如果雇员每天工作 8 小时或以上，雇主应该为他们提供免费的耳塞或耳罩。

声　障

参见"流体"一章。

🔊 声障是什么?

声障是物体要超过声速必须达到的速度。当测量飞机的速度时，声速经常被用来作为一个参照。温度为 0℃时，空气中的声速大约为 331 米 / 秒，这个值被定义为 1 马赫。声速的 2 倍为 2 马赫，声速的 3 倍为 3 马赫，以此类推。

🔊 哪架飞机第一次突破了声障?

1947 年，查克·耶格尔驾驶的贝尔 X-1 实验型飞机成为第一架突破声障的飞机。这架超声速飞机在高空中由另一架飞机发射，在点燃了火箭发动机后，它达到 660 英里 /

小时（约 1 062.1 千米 / 小时）的速度。曾经许多人都认为超声速飞行是不可能的，但如今许多喷气式飞机的速度都能达到声速的几倍。

🔊 声爆是什么？

当物体的速度超过声速时就会产生声爆，比如超声速飞机。当物体的移动速度超过声波的传播速度时，声波的压缩会让人听到"隆隆"声。声爆并不是飞机在突破声障的瞬间产生的，它是飞机以这个速度飞行时持续发出的声音。

空气中，所有超过声速的物体都会产生声爆。比如说，导弹和子弹在穿过大气以超过声障的速度飞行时就会产生声爆。然而，如果在太空中没有空气和其他介质存在的情况下，飞机、导弹和子弹就不会产生声爆。

声　　学

🔊 声学是什么？

声学是物理学的一个分支，是专门研究声音的科学。17 世纪早期，伽利略对声音做过一些预测，之后人们开始对此进行认真的研究，但直到电子测量设备和电子发生器（如图形均衡器、合成器和各种录音设备）出现后，人们才具备了广泛而深入地研究声音的能力。

🔊 声学工程师做的是什么样的工作？

声学工程师设计并建造能使声音悦耳的环境，比如露天剧场、音乐厅、礼堂、录音棚、隔音室、公路隔音屏障等。他们必须考虑设计和材料，保证听众听到悦耳的声音。他们的目标是建造的建筑中，声波产生恰当的反射和阻尼，使声音听起来自然。

🔊 混响时间是什么？

混响时间是一个声音的回声减弱到原有强度一百万分之一所需要的时间。换句话说，混响时间是一个声音的振幅减小到人耳不能察觉所需的时间。混响时间越长，人们就能听到越多的回声，因为声音有更长的时间在墙和其他物体的表面反射。混响时间越短，人们听到的回声就越少。

🔊 混响时间在声学中起到什么样的作用？

人们在音乐厅或录音棚听到的音质主要是由混响时间决定的。声学工程师精心地设计音乐厅就是为了将混响时间控制在一两秒。如果混响时间太短，就像在隔音室中，那么声音几乎在瞬间变小，这样就缺少了悦耳的声音所具有的饱满度。如果混响时间过长，比如说在许多体育馆中，回声效果就会干扰新的声音，使人们很难听清声音。

🔊 反射百分比是什么？

声音传播后会受到物体的吸收和反射，被反射的声音能量和最初的声音能量的百分比即反射百分比。良好的声波吸收材料将声音转化到新介质中，匹配声波的阻抗。而不良吸收材料不能匹配阻抗，并将声音反射回环境中。反射百分比的公式为：

$$反射百分比 =（反射的能量 / 最初的能量）\times 100\%$$

🔊 哪些材料能最有效地吸收声音？

不同的材料会更好地吸收某些频率的声音。最好的声音吸收材料是柔软的物体。诸如毛毡、地毯、窗帘、泡沫塑料和软木等材料在匹配声波阻抗方面表现良好，反射回来的声音能量很少。而诸如混凝土、砖块、瓷砖和金属等材料是有效的声音反射材料。这就是为什么具有硬木地板、混凝土墙和金属天花板的体育馆的混响时间相对较长，而配备柔软座椅、地毯和落地窗帘的音乐厅的混响时间相对较短。仅仅是材料本身就能根据其反射百分比创造一个特定的听音环境。

🔊 第一个由声学工程师设计的音乐厅是哪个？

由物理学家华莱士·萨宾设计的波士顿交响乐大厅是第一个专为增强管弦乐队的声音而设计的音乐厅。在 19 世纪 90 年代末期，当萨宾设计这个音乐厅时，他就发现了声音吸收、混响时间和声强之间的关系。声音反射可以增强声音，也可以破坏声音。他发现声音发出后马上产生强烈反射就会增强声音，而如果声音在传播过程中较晚才受到物体的反射，那就会削弱声音，因为这种反射与第一个声波并不协调（由于相消干扰）。

波士顿交响乐大厅于 1900 年建成，因其出色的音质而享有盛名。这主要是因为正确选择了吸收材料和反射材料的位置，使用声音反射材料（具有较高的反射百分比）来产生强烈的初始反射，使用吸音材料（具有较低的反射百分比）从被天花板、侧墙及音乐厅后部反射的声音中吸收大部分的能量。

🔊 为什么一些音乐厅设计成前窄后宽的形状，像漏斗一样？

音乐厅设计成前窄后宽的形状是为了使音乐厅产生扩音器的效果。电影导演、啦啦队队长和抗议者使用扩音器来增加声波的能量。音乐厅采用扩音器的基本形状（锥形），容纳声音，不让它立即分散到各个方向。可以通过限制声音必须或者能够传播的区域来增加声强。

🔊 基频是什么？

基频是一个特定的声音所产生的最低且最强烈的频率。尽管小号和法国号都能演奏中央 C，其基频为 261.6 赫兹，但是这两种乐器所发出的声音听起来并不相同。小号上的中央 C 和法国号上的中央 C 的差异取决于其他频率，称为泛音。

🔊 泛音是什么？

泛音是基频的倍数。在小号上产生的 261.6 赫兹的频率，其泛音的强度和数量与大号或法国号上的不同，然而，这些泛音的分布是相同的。对于 261.1 赫兹的频率，第一个泛音是 522.2 赫兹，第二个泛音是 783.3 赫兹，第三个泛音是 261.1 赫兹的 3 倍，以此类推。

🔊 还有哪些因素对音质有影响？

泛音的数量以及它们的频率和强度影响人、乐器等发出声音的音质。一般来说，泛音越多，频率就越多，产生的音质就越好。没有泛音的纯音（比如音叉）从音乐的角度来说音质不佳，而萨克斯管具有更多的泛音，因此它的音质更好。

🔊 谁为泛音建立了数学体系？

让·巴蒂斯特·约瑟夫·傅立叶以他的三角级数方程闻名于世。这位数学家为泛音建立了数学体系，这就可以使数学家和物理学家对声音进行定量研究。后来，音乐家看到了傅里叶在和声学上的工作的优点，开始用他的系统分析和创作乐谱。

🔊 如何过滤声音？

声音经过一个装置，该装置可以减少特定范围下多余的频率，比如高频的嘶嘶声或低频的嗡嗡声。高频过滤器除去高频的声音，而低频过滤器除去低频的声音。过滤掉低频和高频的声音有时是为了减少干扰的噪声。余下的频率就是人们想要得到的频率。

🔊 差频是什么？

两个不同的频率相互干扰产生的频率叫作差频。比如以前英国警察用的哨子就是能产生差频的工具。哨子中的两根小管能分别产生一个高频音和一个稍低的音。我们不仅听到这两种频率，还会听到干扰波产生的第三种频率的音，即差频，其频率是两个初始频率的差。比如，如果高频的声音是 812 赫兹，而低频是 756 赫兹，则产生的差频是 56 赫兹。

🔊 为什么有时二重唱听起来好像还有第三个声音？

当两个人以稍微不同的频率唱歌时，频率会相互干扰，产生差频，也就是第三个频率（见上面的问题）。你也会在志愿消防队的哨声在镇里响起时，甚至是在收音机闹钟发出的哔哔声中体验到这种现象。事实上，许多差频是故意制造的，以增强声音效果。

噪 声 污 染

参见本章的"听觉"部分。

🔊 喧闹的音乐是乐音还是噪音？

是音乐还是噪声是个相对的问题，取决于一个人的特定喜好。但乐音和噪音是有较为严格的区别的。对于科学家来说，乐音代表了可重复的、独特的声波，而噪音包括各种形式的声音，它们彼此之间相互干扰，因此，几乎没有可识别的信息。

🔊 为什么噪声污染很危险？

曾经，人们认为只有强度大到会损伤听力的噪声才会对人的健康产生影响。然而，过去的几十年中的研究发现，长期接触噪声会对人（特别是孩子）造成听力损害以外的严重健康问题。持续的噪声（甚至是低水平的噪声）也能产生压力，引起高血压、失眠、精神问题，并且还会影响孩子的记忆力和思考能力。在德国的一项研究中，科学家发现，生活在慕尼黑机场附近的孩子压力水平更高，损害了他们的学习能力。

🔊 为了减少噪声污染，有哪些规定？

世界卫生组织建议睡眠时的噪声应限制在 35 分贝的水平，各国政府已经开始在住宅区和商业区对噪声水平进行限制。比如，荷兰政府规定，不能在高噪声水平的地方——平均噪声水平超过 50 分贝的区域——建造新房。在美国，雇主必须为每天忍受 90 分贝以上噪声达 8 小时的雇员提供听力保护措施。

🔊 目前正在使用哪些方法减少噪声？

由于噪声能给人带来压力并引起其他健康问题，世界各地的行业和政府正努力地降低噪声水平，特别是在人口密集区。减少机场附近噪声污染的一种方法是变更航班线路，让飞机经过人口相对较少的地区。新的技术（如主动降噪技术）有助于减少或消除喷气式飞机、卡车和直升机旋翼产生的低频噪声。公路上安装了许多隔音屏障，用来吸收声音或将声音反射到离马路两边住宅较远的地方。在奥地利和比利时等国家，用一种叫作"吸音混凝土"的材料建造公路，这种混凝土可以将噪声降低 5 分贝。瑞典的工程师开发了一种橡胶粉，以此建成的路面可以将噪声降低 10 分贝。

🔊 主动降噪技术是什么？

主动降噪是一种相对较新的消除噪声的技术。它用麦克风接收噪声，将信号发送到微处理器，制造与噪声相反的波形，并通过扬声器发出这种相反的噪声，即反噪声。反噪声利用相消干涉的原理来消除原始噪声。因此，人们既听不到原始噪声，也听不到反噪声。

🔊))) 主动降噪技术存在什么问题？

使用该技术的难点在于，为了消除原始噪声，必须制造出相反的噪声波形，但因为噪声不是一种可重复的波形模式，所以必须具有相应的技术来预测噪声形式及制造可以去除噪声中重复元素的反噪声。比较容易预测的重复元素是噪声中的低频部分。因此，直升机和喷气式发动机中的低频噪声可以通过相消干涉来消除，而喷气式发动机中的高频噪声则更难消除。

🔊))) 如果扬声器发出了反噪声，人们还能不能听到不是噪声的说话声或音乐等声音？

主动降噪技术的作用是通过产生反噪声来干扰原始的噪声模式，从而消除噪声波。噪声减少了，就更容易听到其他声音。主动降噪技术用在耳机中，可以减少噪声，使处在噪声环境里的人更容易地交流。这种新科技使工厂工人、直升机驾驶员和飞机上的乘客能更好地交流，而且因噪声污染而产生的压力也减少了。

🔊))) 邻居的摩托车非得发出那么大的声音吗？

有时，工程师尝试使特定的商品具有恰到好处的声音或噪声。无论是真空吸尘器、割草机还是摩托车，这些产品都应该足够安静，以免给人造成压力，但又必须声音足够大，以显得"强力"。比如，消声器技术可以大大地减小摩托车的噪声。然而，很多工程师和制造商认为，如果摩托车听起来不够"强力"，消费者是不会购买的。

🔊))) 心理声学是什么？

心理声学是将声学与心理学相结合的学科，研究大脑对不同声音的反应。这一研究领域对于消费品制造尤为重要，因为顾客总是将特定的产品与特定的声音和感觉联系在一起。比如说，人们将低频的隆隆声与动力和扭矩联系起来，而高频的声音经常代表高速和失控的事情。心理声学在很多产品的研发方面起到了极其重要的作用。

第 9 章
光和光学

光 的 性 质

光是什么?

光,即可见光,是我们能够看到事物的原因。事实上,光是人们唯一能够看到的东西。我们以为自己看到的事物都是光进入我们眼中的结果。如果没有光,我们将什么也看不到。

光是一种电磁波。在电磁波谱中,它介于红外线和紫外线之间。虽然光位于电磁波谱上,但有时光的运动规律与粒子的运动规律极为相似。(光的真正性质,即它是波还是粒子,我们将在"现代物理"一章中讨论。)

关于光有过什么样的理论?

一些古希腊人认为,我们能够看到事物是因为眼睛放射出的不可见射线。而另一些人认为这是在空气中飞行的粒子组成的光线撞击我们的眼睛所致。到了艾萨克·牛顿和克里斯蒂安·惠更斯这两位光学研究的先驱出现时,关于光的科学理论才真正形成。

可见光位于电磁波谱的什么位置?

可见光是电磁波谱上极窄的一段。光的最低频率略高于红外线,是 4×10^{14} 赫兹。光的最高频率为 7.9×10^{14} 赫兹。当所有波段的可见光都混合在一起时,我们看到的光是白色的。而如果人们只看到可见光谱上的一小段时，光线就会呈现为一种特定的颜色，而不是白色。

光　速

光以多快的速度传播？

因为光是电磁波的一部分，所以它的传播速度与其他的电磁波一样，在真空中的速度为 299 792 458 米 / 秒。除非是在进行需要精确光速的实验，否则这个数值一般被四舍五入为 3×10^8 米 / 秒。和其他电磁波一样，当光进入地球大气层时，它的速度会减慢。

光速会变吗？

电磁波在不同介质中的传播速度是不同的。在真空中，光以 3×10^8 米 / 秒的速度传播。如果光可以沿着圆形路径传播，那么每秒可以绕地球 7.5 圈。但是当光进入像地球大气层这样的密度较大的介质中时，它的速度会稍减到 2.91×10^8 米 / 秒。当光射入水中时，它的速度减慢得更加明显，会减慢到 2.25×10^8 米 / 秒，是真空中速度的 3/4。当光射入密度更大的玻璃时，它的速度只有 1.98×10^8 米 / 秒。即使减慢得如此明显，光仍然可以每秒绕地球 5.6 圈。

谁是第一位认真尝试测量光速的物理学家？

光的传播速度很快，因此难以测量。17 世纪以前，绝大多数人都认为光是瞬间到达的。但伽利略认为光一定有一个有限的速度，并试图通过测量远处的光线到达他眼睛所需要的时间来测量光速。为了进行这个实验，伽利略让一个助手拿着一盏灯站在距他很远的地方。伽利略指示他的助手，让他一看见伽利略揭开手中的灯时就立即揭开自己手中的灯。伽利略认为，通过测量光从伽利略传播到他的助手后再返回来所用的时间，他可以测量出光的传播速度。然而他的实验失败了，因为他无法测量如此短暂的时间。伽利略没能测出数据并且放弃了这个实验，但他对光传播的真正速度有了深刻认识。

为了测量光速，使用过哪些天文学方法？

17 世纪末的几项天文观测和测量有助于确定光速。坚定认为光的本质是波的物理学家克里斯蒂安·惠更斯，利用丹麦天文学家奥劳斯·罗默的天文观测结果来计算光速。罗默发现木星的一颗卫星木卫一绕木星公转所需的时间存在矛盾之处。有时木卫一似乎快速绕木星公转，而有时它公转所需的时间比其最快公转时间要长多达 22 分钟。

惠更斯在研究了木星和木卫一相对于地球的位置后得出结论：不是木卫一的公转速度发生了变化，而是地球和木卫一之间的距离发生了变化。如果地球离得更远，那么从木卫一反射的光需要更长的时间才能到达地球。通过利用罗默的观测数据，惠更斯计算出光速为 2.2×10^8 米 / 秒。

还有哪些更精确测量光速的重要尝试？

19 世纪中叶，法国科学家阿曼德·斐索摒弃了利用天文学来测量光速的方法，他尝试在实验室环境中确定光速。斐索利用一系列镜子、一个旋转的齿轮和一个光源，测出更加精确的光速。通过计算齿轮的旋转时间和镜子之间的距离，斐索计算出了光的速度为 3.13×10^8 米 / 秒，这个数字比惠更斯之前的计算更接近实际光速。

直到让·傅科和后来的美国物理学家阿尔伯特·迈克耳孙，光速的值才被更新。迈克耳孙的实验（与傅科的实验几乎相同，只是更为精确）包括一个光源、一面旋转的镜子和一个平面镜。这两面镜子分别置于加利弗吉尼亚州的圣安东尼奥山和威尔逊山之上，两山相距 35 千米。通过测量旋转镜子的转速和两面镜子之间的距离，迈克耳孙得出了当时最精确的数字。凭借这一成就，迈克耳孙在 1907 年成为第一位获得诺贝尔物理学奖的美国人。获奖之后，迈克耳孙继续致力于更精确地测量光速。1926 年，他测得的结果为 $2.997\,996 \times 10^8$ 米 / 秒。这个数字已经非常接近我们今天公认的数值了。

关于光速最新的研究是什么？

20 世纪 60 年代激光的出现为物理学家们测量光速提供了新的工具。20 世纪 80 年代初，国际度量衡委员会指定光速由字母"c"来表示，在真空中其值为 299 792 458 米／秒。光的传播速度具有非常重要的意义，因为如今它被全世界用来作为测量距离的标准单位。比如，国际上公认的 1 米的长度是在真空中光在 1/299 792 458 秒内走过的距离。

光传播特定距离需要多久？

下表列举几例光传播特定距离需要的时间：

距　离	时　间
1 英里（约 1.6 千米）	5.3×10^{-6} 秒
从纽约到洛杉矶	0.016 秒
绕地球赤道一周	0.133 秒
从地球到月球	1.29 秒
从太阳到地球	8 分钟
从比邻星到地球（距离太阳系最近的一颗恒星）	4 年

以上的一些目的地需要光线以弯曲的路径传播才能到达，这种情况在通常情况下是不存在的。

光年是什么？

光年的概念一开始可能会让人感到困惑。年是时间单位，但光年是距离单位。具体来说，1 光年是光在 1 年内传播的距离。由于光的传播速度是 3×10^8 米／秒，而 1 年有 31 536 000 秒，因此 1 光年就是 9.46×10^{15} 米。

哪些领域用光年作为测量单位？

天文学家主要研究电磁波，而所有电磁波都以光速传播。因此使用光年作为距离单位不仅使数学计算更容易，而且对天文学家来说也具有概念意义。此外，与生物学家等科学家相比，天文学家更倾向于使用大的测量单位。

发光强度

如何测量发光强度？

一个物体产生的光的量，无论是自身发光还是反射光，都可以用流明来衡量。确切地说，流明表示有多少光线从物体发出，而计量光线强度的单位是坎德拉。

当光源与接收者的距离增大时，光的强度就会减弱：假设从 1 米以外发出一束 1 坎德拉的光，当将光源移到 2 倍远的地方时，光的强度就会减弱到 2 的平方分之一，即 $1/2^2$ 坎德拉，是光在 1 米处强度的 1/4；当将光源移动到 3 倍远的地方时，光的强度会减弱为初始强度的 1/9。

不透明、透明和半透明物体

不透明物体是什么？

不透明物体是指光线无法透过的物体。混凝土、木头、金属是不透明材料的例子。一些材料对光不透明，但对其他类型的电磁波是半透明的。例如，木头不允许可见光通过，但是允许其他类型的电磁波（比如微波和无线电波）通过。材料的物理特性决定了哪种类型的电磁波能通过它。

透明和半透明有什么区别？

透明的介质，如空气、水、玻璃和透明塑料，允许光线通过并形成清晰的图像。而半透明的材料允许光线通过，但无法形成清晰的图像。例如，磨砂玻璃和薄纸是半透明的，因为它们允许光线通过，但你无法透过它们看到清晰的图像。

为什么大气层中的臭氧如此重要？

臭氧对紫外线是半透明的，有助于保护我们免于暴露于有害水平的紫外线的照射之下。经常在海边的人知道，如果长时间躺在太阳底下，紫外线对我们的皮肤有极大的损害。现在人们非常担心大气层中臭氧减少的问题。如果形成大范围的臭氧层空洞，那么臭氧反射紫外线的能力就会大大削弱。物理学家、气象学家和生物学家已经证明高辐射量的紫外线对人体和其他动植物都有害。

日 食 和 月 食

影子是什么？

影子是物体阻挡光线后形成的黑暗区域。当人将手放到投影机的光线中，或站立在阳光下，或看到月亮运行到太阳和地球中间（月食）时，所产生的影子总是引起人们的兴趣。

食是如何形成影子的？

和其他影子的形成一样，食是某个物体出现在光线的路径上。在食的情况下，地球或者月球移动到太阳前，阻挡了光线的通过。阳光被阻挡而形成的阴影，就是食。

月食是什么？

当地球正好位于太阳和月球之间时，就形成了月食。在这个位置上，地球阻挡阳光照射月球，使月球完全处于黑暗之中。对于地球上的观察者来说，月球看起来变暗了，因为没有光线从月球上反射入观察者的眼睛。当地球从太阳和月球中间移开时，月球逐渐被照亮，直到人们可以再次清楚地看到整个月球。

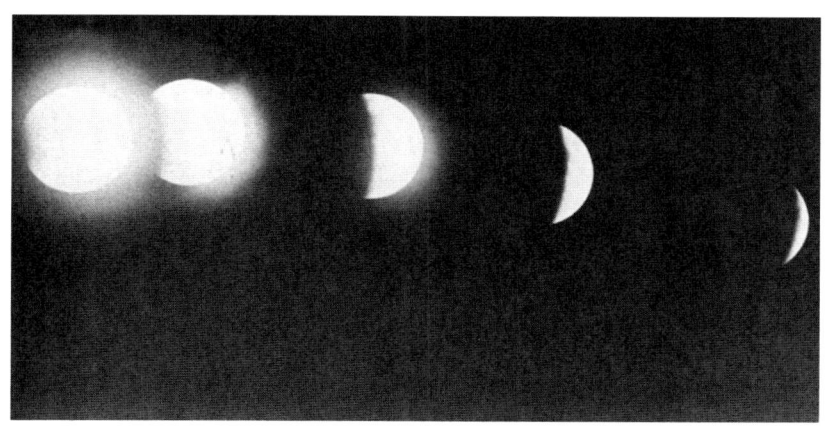

▌ 1989 年 8 月 16 日出现在加拿大多伦多的月食的五阶段

📡 日食是什么?

当月球将它的影子投射到地球上时，就形成了日食。当月球运行到地球和太阳之间时，地球被月球阻挡住阳光的部分就会陷入黑暗。

📡 日食时的地球有多暗?

在日全食期间，亮度最多可以减少90%。其余10%的亮度可能来自月球周围光的弯曲，也可能来自没有受太大影响的周围区域的光的折射。日全食通常平均持续时间约2.5分钟，但最长的一次日全食的持续时间超过了7分钟。

出现在美国密歇根州底特律的日食的多次曝光图片

📡 本影区和半影区是什么?

一个影子有两个不同的区域。半影区是指由于部分光线的进入，产生不完全明亮也不完全黑暗的区域。本影区是影子中光源完全被阻挡，没有任何光线进入的区域。

在一次日食中，被日食影响的外围区域是半影区，因为有部分阳光可以落在表面。完全（或者接近完全）黑暗的区域是本影区；没有直射的光线到达这个区域，导致日全食。

📡 本影区和半影区可以调整吗?

有影子的地方就有本影区和半影区。当不透明物体靠近它投射影子的表面时，就会产生清晰而分明的影子，因为它的本影区很大，半影区很小。相反，如果投射影子的物体离表面很远而离光源很近，那么撞击到被阻挡物体边缘的光线就有机会绕过物体，在影子边缘投射一些光线。这样就形成一个更大的半影区，同时使本影区减小，从而形成一个模糊不清的影子。

月球一个月就绕地球一周，那为什么日食和月食不是每个月出现一次？

月球的公转周期是一个月，如果月球和地球在同一平面上运行，那日食和月食就会发生得更规律些。然而，月球绕地球运行的轨道相对于黄道（地球绕太阳运行的轨道）是倾斜的，并不在一个平面上。因此，月球和地球不经常与太阳形成能够发生日食和月食的相对位置。然而，通过月球和地球轨道运动的规律可以预测出日食和月食的发生时间。

多久能出现一次日食和月食？

日食（包括日偏食）比月食出现得更频繁一些：通常每年有 2 到 3 次日食，1 到 2 次月食。然而，每次出现日食只能被小范围的观察者观测到，但月食则可以被更大范围的人观测到。

当日食出现时，是否整个地球都在月球的影子中？

实际上，观看到日全食是非常罕见的，因为月球的影子只能覆盖一个直径大约 300 千米的区域。因此，有幸经历日食的地区很可能只看到日偏食，因为只有部分太阳被遮挡。

▌日全食

日环食是什么？

月球在其绕地球的椭圆轨道上的位置不同会产生不同程度的日食。如果月球离地球足够近，就会发生日全食；然而，如果月球离地球远些，不能完全遮住太阳，这就导致日环食的形成。发生日环食的时候，一圈明亮的光环会出现在月球的周围。

在古代文化中，人们会对日食做出什么反应？

在古代文化中，许多崇拜太阳的人显然感觉到突然的日食是件可怕的事情。当日食出现，部分地区陷入黑暗时，崇拜者聚集在一起并向"太阳神"祈祷数日。

公元前 6 世纪，在米底军队和吕底亚军队的一次可怕的战斗中，日食出现了。日食阻止了战斗并给双方带来了和平。对两军来说，消失的太阳是停战的征兆。

为什么观看日食很危险?

观看日食和在普通条件下观看太阳一样很危险，因为阳光仍会绕过月球照射到地球上。太阳持续不断地发射对人眼有害的紫外线——这种辐射也会灼伤你的皮肤。视网膜对紫外线非常敏感，但视网膜没有对痛觉敏感的神经末梢，这使视网膜很容易被灼伤，在人们发现受到影响前就已经造成了严重损害。

即使只看太阳几分之一秒，也可能造成部分（通常是暂时的）伤害。事实上，看太阳会在你的视网膜上留下一个太阳的影像长达几分钟，以至于你所看到的所有东西都带有太阳的影像!

安全观看太阳的唯一方法就是佩戴合格的太阳滤镜。日常的太阳眼镜是不管用的。每次发生日食，都有很多人在观测日食后去医院，因为他们以为自己观看太阳的方式是安全的。千万不要这样做：你应该做一个针孔照相机（参见本章后面的部分）或找个特殊的太阳滤镜来观看日食。

光 的 偏 振

偏振光是什么?

光通常都是向各个方向发出的；也就是说，光波可能沿电磁波的电场分量上下或者垂直振动，而在其他情况下，光波也可能水平振动甚至斜向振动。无论方向如何，这些光波都不是偏振光。要偏振，所有光波必须沿相同的方向运动。例如，垂直偏振光的光波都上下振动。非偏振光会产生眩光，会在人驾驶、滑雪和画画时分散人的注意力。

如何使光偏振?

阳光和其他大多数光源都是向着各种不同方向发射的，是非偏振光。为了减少眩光，可以使用偏振光墨镜，只接收某一个方向的光。例如，如果你只想接收垂直偏振光，那么你使用一个带有垂直光栅的偏振光墨镜，它阻止非垂直的光波进入，只允许垂直振动的光波通过。

为什么偏振光墨镜很重要？

在驾驶、航海、滑雪或者一些其他的不希望出现眩光的情况下，偏振光墨镜是非常有用的。光在像水、公路或者雪这样的平面上反射会造成眩光。在这些情况下，如果没有偏振光墨镜，你将晕头转向。以湖面反射的光为例。光在类似于水面这样的平面上发生反射，反射光会分散人的注意力。为了减少或者消除来自水面的眩光，可以使用垂直偏振光墨镜。垂直偏振光墨镜只允许垂直方向的光波通过墨镜，挡住不想要的眩光。

如何检查一副墨镜是否偏振？

偏振光镜片意味着它们只对一个方向的光是透明的。因此，如果一副墨镜是偏振的，那么两副相同的墨镜，当它们彼此垂直重叠时，应该没有任何光通过镜片。将镜片上下对齐并将一副旋转 90°，偏振光栅会消除所有方向的光，从而证明墨镜确实是偏振的。

此外，由于大气中光和气体分子的散射，来自天空的光也是部分偏振的。因此，如果你在晴朗的阳光下戴上一副偏振光墨镜，并倾斜头部，耳朵靠近肩膀，那么你应该能看到天空亮度的变化。如果你没有看到这样的变化，那么墨镜就不是偏振的。

戴着偏振光墨镜看汽车的后窗玻璃时，为什么上面看起来好像有斑点？

戴着偏振光墨镜看到的后窗玻璃上的斑点是夹层安全玻璃的应力痕。这些斑点是在玻璃制造的过程中形成的，它们起到偏振滤光镜的作用，因此能阻挡一部分光，在这块透明的玻璃上形成小的、圆形的黑暗区域。

计算器和数字手表的显示屏上的数字是偏振的吗？

通过液晶显示器显示信息的电子设备使用旋转偏振滤光镜来产生黑色线段，以此形成数字。当需要在偏振屏幕上显示一条线段时，会产生一个小电流将其他偏振线段旋转

90°，这样光就无法通过屏幕上的那些部位。结果在液晶显示器上就会出现一条黑色的线段。如果不想在液晶显示器上显示出这条黑色线段，就将偏振滤光镜再旋转 90°，这时就会显出浅灰色或者银色的屏幕。

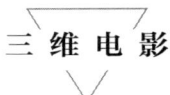

三 维 电 影

三维视觉是什么？

正常人的视觉是三维的，意思就是除了感知高度和宽度这两维之外（例如看一张纸、海报、电视或者电影屏幕），人还能看到第三维，即深度。我们能够看到真实的三维物体，是因为我们有两只眼睛，它们用略微不同的视角来看同一物体。两个视角经过大脑的解读和协调，给了我们看到第三维的能力。

如果你闭上一只眼睛，感知深度的能力就减弱了。如果你只用一只眼睛看周围的事物，这个世界对你来说好像并没有太大的差异（除了失去了你左侧或右侧的大部分视野，失去哪一侧取决于你闭上了哪只眼睛），但是如果你试着移动，你会发现判断距离是很困难的，并且感到有点笨拙。

在二维的屏幕上放映电影，为什么能看出三维的效果？

虽然电影是在平面屏幕上放映的，但三维电影利用偏振滤光镜和两个分开的放映机来模拟出逼真的三维效果。当拍摄三维电影时，两台摄像机从稍微不同的位置进行拍摄。当电影在屏幕上放映时，每台放映机使用单独的偏振滤光镜。左边的放映机可能使用一个水平偏振滤光镜，而右边的放映机使用一个垂直偏振滤光镜。观众也戴上偏振的三维眼镜，因此左眼只会看到由左边放映机的水平偏振滤光镜产生的影像，而右眼只会看到右边放映机的垂直偏振滤光镜产生的影像。这种设置模拟了现实生活中人在看三维景象时每只眼睛看到的不同视角，让大脑将这种差异解读为深度（第三维）。

还有其他实现三维模拟的方法，比如较早的使用彩色滤镜的方法。而更现代、更昂贵的方法是只戴上护目镜，在护目镜的屏幕上同步放映交替（而不是叠加）影像。所有的这些方法都依赖于向每只眼睛呈现略有差异的影像。

如果一个人在看三维电影时没有戴三维眼镜会怎样？

任何人都可以不戴三维眼镜观看三维电影——看到的影像有时可能模糊不清，有多模糊取决于这部电影制作的三维效果有多强烈。如果为了好玩，也可以反着戴这副眼镜，即从相反的方向透过眼镜去看，所见的深度将被颠倒，电影中的人看起来会比电影中的背景离得更远。

颜　　色

白光是什么颜色的？

白光本身没有特定的颜色，因为它是可见光谱中所有颜色的结合。当白光被分解时，不同波段的光产生不同的颜色：最低频率的光是红色，往上依次是橙色、黄色、绿色、蓝色、靛青色，最后是最高频率的可见光——紫色。

人是如何看见物体的？

物体要被人看见，它必须发出或反射光。我们能看见星星、闪电和电灯泡是因为它们能发出光线。这些物体所发出的光也使我们看见了不发光的物体——因为不发光的物体会反射光。例如，一片草叶并不发光，但是因为它反射光，尤其是绿光，所以我们能看见这片草叶。

我们为什么能看见特有的颜色？

当我们"看见"颜色时，我们实际上看见的是光照射到物体上所产生的效果。当白光照射在物体上，它可能会被反射、被吸收或穿过物体。大多数照射到玻璃上的光会穿过玻璃，因此玻璃看起来是无色的。雪反射所有的光，因此它呈现出白色。黑布吸收所有的光，因此它呈现出黑色。绿色的草叶比起其他颜色更好地反射绿光，因此它呈现出绿色。大多数物体之所以看起来有颜色，是因为它们的化学结构吸收某些波长的光，并且反射其他波长的光。

色盲是什么？

有些人由于一种被称为色盲的遗传病而无法看到某些颜色。1794 年，英国化学家和物理学家约翰·道尔顿发现了色盲。他自己就是色盲，无法区分红色和绿色。许多色盲的人并没有意识到他们不能准确区分颜色。这存在潜在危险，尤其是如果他们无法区分交通信号灯或其他安全信号的颜色。那些混淆红色和绿色的人被称为"红绿色盲"。还有的色盲者只能看到黑色、灰色和白色。据估计，7% 的男性和 1% 的女性天生色盲。

谁发现了白光能够被分离成彩虹的颜色？

随着玻璃制造业的发展，枝形吊灯在 17 世纪非常受欢迎。那些枝形吊灯所产生的颜色令牛顿着迷，他决定仔细研究一块玻璃（实际上是一个棱镜），观察它是怎样产生这么多颜色的。他在英国剑桥的一个房间里做了一个实验，除了在百叶窗上留出一个小洞之外，整个房间都是黑暗的。牛顿将棱镜固定以便能让白色的太阳光穿过，这时在房间对面的墙上产生了一连串漂亮的颜色。

对于牛顿来说，更大的突破是他能够反过来操作，用一连串颜色形成白光。他将一个透镜放在光谱中间，让光的颜色保持平行，并让光穿过另一个棱镜。果然如他所料，从第二个棱镜中出现的是白光。

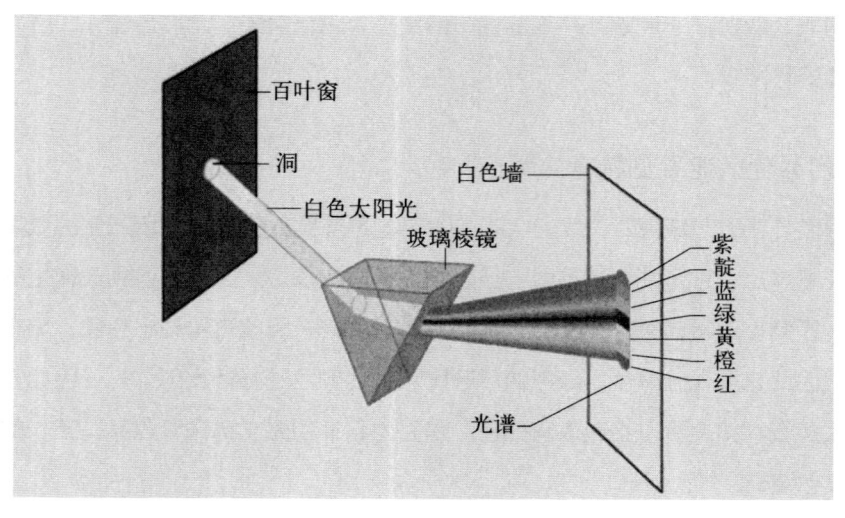

▌ 1666 年牛顿的光谱实验

白色是彩虹颜色的结合，那么黑色是什么？

黑色是白色的对立面，在没有光或所有光都被吸收时会产生黑色。一张黑纸呈现出黑色是因为所有的光被纸吸收了——没有任何光被反射出去。

光的原色是什么？

调颜料时，任何一个新手都知道三原色——红色、黄色和蓝色能够组合成所有其他颜色。然而，在混合光（或"加色混合"）中却有一个不同的模式。光的三原色是蓝色、绿色和红色。这些原色可以组合成其他不同颜色的光。当这三种颜色以同样的比例混合时，会形成一种接近于纯白的颜色。光的原色和颜料的原色不同，是因为着色剂（比如颜料、油墨和染料）反射和吸收光，而不是放射光。

间色是什么？

三原色中任何两种颜色等比例混合在一起就形成了次色。间色是红、绿、蓝三原色的副产品。和原色一样，光的间色与着色剂混合在一起而形成的间色是不同的。红光与绿光混合产生黄色，红光与蓝光混合产生品红色，蓝光和绿光混合产生青色。

互补色是什么？

任意两种以相同比例混合后产生白色（对光线来说）或黑色（对着色剂来说）的颜色，是一对互补色。例如，黄光和蓝光互为互补色，这是因为它们混合时会形成白光。品红和绿色、青色和红色也互为互补色。

减色混合是什么？

减色混合与光的混合（加色混合）相反。减色混合出现在合成染料、颜料或其他吸收和反射光的物体中。油漆和墨水是减色混合的例子。当油漆和墨水的所有颜色混合时就形成了黑色，与彩色光彼此叠加形成白色的情况截然相反。

颜料的原色是什么？

墨水、油漆和染料等着色剂的原色是品红色、青色和黄色。这些颜色和光混合在一起（加色混合）时的间色是一样的。品红色反射蓝光和红光，吸收绿光；青色反射蓝光和绿光，吸收红光；黄色反射红光和绿光，吸收蓝光。

减色混合的间色是什么？

对于染料和颜料来说，间色与加色混合中的原色相同。红色、绿色、蓝色各自反射自己的颜色并吸收其他两种颜色。比如说，红色吸收绿光和蓝光，反射红光。

为什么大多数的彩色喷墨打印机使用 4 种颜色来打印，而不是减色混合所需的 3 种原色？

使用黄色、品红色和青色 3 种原色的彩色喷墨打印机能调出包括黑色的所有其他颜色。然而，当把 3 种原色混合在一起时，呈现的颜色更像是泥褐色而不是黑色。尽管这 3 种原色可以创造出其他颜色，但这并不代表黑色必须由它们来形成。因此，当今大多数的彩色喷墨打印机有一个装有黄色、青色、品红色油墨的墨盒和一个只装有黑色油墨的墨盒。

我们的眼睛最容易看到哪个波段的光？

我们的眼睛对可见光谱中黄色和绿色波段的光最为敏感。引人注目的标志和消防车通常被涂成黄色或绿色以吸引我们的注意。即使是日常用品，如用于在记笔记时重点标记单词或短语的荧光笔，也通常是明亮的黄色和绿色。当我们快速浏览某物或用眼角余光瞥见某个物体时，我们更可能注意到明亮的黄绿配色的物体，而不是红色或蓝色物体——这两种颜色对我们的眼睛来说不那么明显。

色度学有什么用？

因为颜色的感知主要是依靠眼睛和大脑之间的神经生理功能，所以不同人对颜色的感知有细微的差别。科学家、艺术家、广告设计者和印刷工人需要一个客观的方法来测定颜色和光波频率的关系。这就要用到色度学了。

色调和饱和度有什么区别？

色调是特定频率的光的颜色。饱和度是特定频率的光呈现在特定颜色里的程度。除非是在实验室的人工环境中，很少能看到纯色调和 100% 饱和度的颜色。

🔭 雪和云为什么是白色的?

雪和云由大小不同的水滴组成。小水滴散射高频光,而大水滴散射低频光。这些水滴聚在一起几乎不吸收光能,会散射可见光谱中的所有颜色,从而产生白色。

🔭 天空为什么是蓝色的?

大多数父母都被他们好奇的孩子问到过这个问题,但很多人不知道怎么回答。这个古老问题的答案可以用一个词来概括:散射。当白光撞击地球大气层中的氧气分子和氮气分子时,高频光会向各个方向散射。空气中分子散射的高频光是白光中的紫色、靛青色和蓝色,因此也是我们平时看到的天空的颜色。

🔭 高频光被散射,那么为什么我们只能看见蓝色的天空,而不是蓝色、靛青色和紫色的天空?

我们的眼睛对可见光谱中段的颜色最为敏感。因为蓝色接近可见光谱中段,所以我们的眼睛更容易感知蓝色,而不是靛青色和紫色。尽管这3种颜色都被空气中的微粒散射,但人们看见的主要是蓝色的天空。

🔭 在潮湿的夏日,天空为什么会呈现白色或浅灰色?

当空气中的湿度很高时,空气中存在更多的水分子。一个水分子由两个氢原子和一个氧原子组成,比空气中的氧气分子和氮气分子更大。分子的大小决定了它能散射哪些频率的光。当白光遇到较大的分子时,低频光会被散射,而白光遇到较小的分子时,高频光会被散射。

因为在潮湿的天气里大气层中的水滴比较多,所以低频的红光、橙光、黄光和绿光被散射了。在白光只击中氧气分子或氮气分子的区域时,就会散射蓝光、靛青光和紫光。不同波段的光组合在一起,导致天空呈现白色;如果光的强度较小,则呈现浅灰色。

🔭 既然蓝光会被地球大气层中的小分子散射,那么是不是所有的蓝光在到达地面以前都已经被散射掉了?

中午时分,只有一小部分的蓝光被散射。因为大气层相对较薄,所以当阳光照到地球表面时仍有大量蓝光剩余。

日出和日落时的天空为什么通常是橙色或红色的?

在傍晚和清晨,当太阳位于地平线附近时,它所发出的光必须传播更远的距离并穿过更多的大气层才能到达地球表面。这与中午的情形不同。因为早晚的太阳光所穿过的大气层距离比中午远,所以蓝光、靛青光和紫光都会消耗殆尽。光最后到达我们所在的位置时,只剩下那些穿透力较强、频率较低的红光、橙光、黄光和一部分绿光(一部分绿光也被截留了)。蓝光被大量截留,使得我们看见美丽的红色、橙色和黄色的日出和日落。

在出现红色或橙色的日落时,为什么位于我们头顶的天空仍然是蓝色的?

虽然阳光穿过地球大气层长途跋涉到达地面,在此过程中,阳光中的蓝光被截留,可是我们头顶的天空仍然是蓝色的。不是所有的阳光都会穿过地球大气层的厚壁,一些阳光掠过我们上空的大气层。因为只有一小部分的阳光照射到这一部分,有足够高频率的光被散射,所以尽管落日附近的天空是红色、橙色和黄色的,我们上方的天空也仍然呈现出蓝色。

海洋为什么是蓝色的?

海洋和其他大部分水体呈现蓝色的主要原因有两个。

第一,分别在阴天和晴天观察水面,你会发现在两种不同的天气里水所呈现的蓝色有很大的差异。水对于天空来说就像是一面镜子。所以在晴朗的天气里,天空呈现出清晰的蓝色,水面自然也会比在阴天时呈现出更加饱满的蓝色。

第二,因为水更易于反射或散射高频光。事实上,水会吸收低频电磁波(如红外线),这会让水体温度上升,同时也会吸收红光和部分橙光。结果反射的是黄光、绿光、蓝光、靛青光和紫光。高频光被大量反射后使水体呈现鲜明的蓝色。

一些水体可能更多地呈现出浅绿色,有时还呈现出浅褐色或黑色。通常情况下是水中的藻类、泥、沙、矿物质和水污染造成的。不过,在大多数情况下,水看起来是蓝色的。

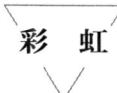

彩 虹

彩虹是如何形成的？

彩虹是由于阳光折射进入水滴，反射，然后再从水滴里折射出来而形成的光谱。当白光穿过一个水滴时，它就像穿过棱镜一样被分散为不同波段的光。水滴中的光反射到水滴背面并分散出更多的光。不同波段的光的分离，连同大量暴露于阳光下的水滴，形成了环形的彩虹。

要看到彩虹，必须满足哪些条件？

要看到彩虹，必须满足两个主要条件。第一个条件是观测者必须位于太阳和水滴之间。水滴可以来自雨、瀑布的雾气或花园水管的喷洒水雾。第二个条件是太阳、水滴和观测者眼睛之间的角度在 40° 和 42° 之间。因此，要在雨后看见彩虹，彩虹得在早上或下午出现，此时太阳、水滴与观测者的角度是 40° ~ 42°。

彩虹中颜色的顺序是什么？

彩虹的颜色从最外侧的低频光依次排列到最内侧的高频光。从外至内分别为红、橙、黄、绿、蓝、靛和紫。

谁是第一个确定彩虹成因的人？

牛顿不是第一个了解彩虹的光学特性的人。事实上，早在 14 世纪初，一个德国的修道士就发现了光在水滴中的折射和反射。为了证明他的假设，他在一个球体里装满水，让一缕阳光穿过球体，他观察到了白光在球体的背面反射时分离成不同的颜色。

双彩虹是什么？

双彩虹中会出现两道彩虹，主虹较亮，副虹

▌双彩虹

较暗。副虹颜色的排列顺序和主虹是相反的，它位于主虹的外侧，并且明显更为暗淡。副虹出现的原因是光线在水滴内又反射了一次。光线反射了两次，从而形成了主虹的镜像。

🔭 每个人看见的彩虹都一样吗？

因为我们所看见的彩虹是根据太阳、水滴和观测者的位置决定的，所以每个人看见的彩虹事实上都略有差别。

🔭 存在完整环形的彩虹吗？

所有的彩虹原本都是完整的环形，只是受到地面的阻挡。然而，如果从高空看，如在飞机上，当太阳、水滴和观测者之间的角度在 40° 和 42° 之间时，可以看到环形的彩虹。在这种情况下，彩虹是水平的，意味着它与地面平行，因此不会被地面阻挡。这真是一道令人惊叹的风景！

🔭 为什么肥皂泡和泄漏的汽油会反射出不同的颜色？

光照射到肥皂泡或汽油这样的薄膜时会产生不同颜色，这由光波在不同厚度的表面多次反射而产生的干涉造成。肥皂泡显示出彩色图案，是因为光在肥皂泡的上表面和下表面发生反射。随着薄膜厚度的变化，所看到的颜色也会变化。在潮湿的道路上很容易看到汽油泄漏；这并不是因为人们在雨天会洒出更多的汽油，而是因为光在汽油顶层、汽油底层和水面之间发生反射，产生了七彩图案。

光　学

🔭 光学是什么？

光学是研究光的特点和传播的物理学科。光学不仅仅研究可见光，还研究其他电磁波，包括微波、红外线、紫外线和 X 射线。光学有两个主要的分支学科——物理光学和几何光学。

物理光学和几何光学有什么区别？

几何光学具体研究当光在遇到镜子和透镜时的传播路径。几何光学忽略光的波动理论，并且使用光路图来描绘和理解光在不同介质中反射和折射时所走的路径。

与几何光学不同，物理光学研究光的干涉、光的衍射、光的偏振和光谱分析中光更复杂的特点。

反　射

反射是什么？

光从物体表面（比如镜子）"反弹"回来，就形成了光的反射。反射量的多少取决于物体表面的性质。首先，不吸收光的表面会把光反射回去，而吸收光的表面则不会。其次，粗糙和不规则的表面会导致反射光发生散射，使人很难看到清晰的图像。

抛光和平滑的表面最不吸光，最容易反射光。磨光的金属是很好的反射材料，而不反射光的材料有哑光金属、木材和石头。

第一面镜子是如何制成的？

在几百个世纪以前，人们在水中看见自己的倒影，这是最早的天然镜子。在《圣经》以及古埃及、古希腊和古罗马的文学作品中曾提到最早的人造镜子，由黄铜或青铜制成。最早的玻璃镜子出现在 14 世纪的意大利，它表面涂有光亮的金属。制作玻璃镜子最原始的工序是在玻璃的一面涂上水银和抛光的锡箔。

1835 年，德国化学家尤斯图斯·冯·李比希发明了在镜子上镀银的方法，制作出来的镜子与今天的非常接近。他的操作步骤是把氨和银的化合物浇铸在镜子表面。

为什么你不能总在镜子中看到自己？

不考虑你是吸血鬼的可能性，答案与角度有关。反射定律表明，光在镜子上的入射角一定和反射角相等。如果你直接站在镜子前，你的入射角（就是入射光线的行进方向和垂直于镜面的线之间的角度）是 0°，所以光线会以 0° 的角度反射回来。然而，如果入射角很大，比如在汽车里你的眼睛和后视镜之间的角度，这个角度也许大到反射光线不会返回到你的眼睛，但是你却可以看见镜子中呈现的车后方的情形。

根据反射原理，当光以特定的角度射到一个表面时，会以相同的角度反射出去。根据这个原理，人以 45° 角持镜，可以看到某一个角落。

🔭 单向玻璃的工作原理是什么？

审讯室里使用的单向玻璃从一面看可以用作镜子而从另一面看可以用作窗户。有效地把窗户"伪装"成镜子，目的是进行秘密监视。为了实现这一目的，需要满足以下两个条件。第一，审讯室必须比玻璃后面的监控区明亮。被审讯的人很难从亮的房间观察到旁边暗的房间。第二，镜子的银粉用量必须是正常镜子的一半。这样一部分光可以被反射回审讯室，而另一部分光可以穿透镜子，进入监控区。监控区必须始终保持黑暗，因为如果在监控区打开一盏灯，部分灯光也会穿透镜子，进入审讯室，这样就会暴露目标，不能起到秘密监视的作用了。

▌透过单向玻璃进行录像

🔭 在美国，为什么许多救护车的正面会反着印"救护车"这个词？

"救护车"这个词被印反是因为当司机在镜子（特别是汽车的后视镜）看到时，字母会按照正常的顺序呈现出来。这就能使马路上正在开车的司机在最短时间内做出回应，迅速地为救护车让路。

汽车的日夜两用后视镜的工作原理是什么？

司机在夜间行驶时，如果后方的车辆发出强光照射到他们眼睛，许多司机会调整后视镜使强光偏转，射向车顶。镜子的镀银表面能反射大约 85% ～ 90% 的入射光，余下 10% ～ 15% 的光被镜子前面的玻璃反射。为了使剩下的光线进入司机的眼睛，玻璃的角度需要下调一些。因为光线已经被大大减少了，所以剩下的光线不会打扰到司机。

虚像是什么？

虚像就是看起来位于镜子或透镜后面的图像。当你站在镜子前面看自己时，你的图像似乎出现在镜子的另一侧，这被称为虚像。没有光来自虚像，但呈现出的样子仿佛有来自虚像的光。此外，虚像不能在屏幕上聚焦。

实像是什么？

实像是由实际光线形成的图像，这些光线在穿过透镜或被镜子反射后能将图像投射到墙上。和虚像不同，实像可以产生比原有物体更大的图像，也可以被投影和聚焦到屏幕或墙上。

凹面镜有什么用？

凹面镜是向内凹的镜子，它反射入射光束并将其聚焦在一点上，这个点被称为焦点。凹面镜通常被用来聚焦波能，包括将微波信号聚焦到接收器上和将可见光聚焦到观察者眼中。当你看向凹面浴室镜时，你会发现位于焦点的人像是正立的，而远离焦点的图像是上下颠倒的。

凸面镜有什么用？

凸面镜与凹面镜正好相反。凸面镜是向外凸的镜子，使反射的光分散（而不是像凹面镜一样，让光聚焦在一点上）。商店使用凸面镜是出于安全的考虑，因为凸面镜能扩大反射范围，服务员就能看见商店的大部分区域。虽然在凸面镜中所看见的物体图像比现实生活中的小，但是它却可以帮助我们看见更广泛的区域。

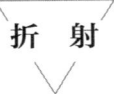 ## 为什么有些汽车上的侧视镜上写着："镜中物体可能比实际距离更近"？

有些汽车的侧视镜上会出现这句话，是一个非常重要的安全提示：这句话告诫司机，镜子是具有欺骗性的。为什么汽车制造商会在汽车上安装一面"骗人"的镜子呢？一个普通的平面镜只能让司机看到汽车后面一小段狭窄的道路；然而，如果使用凸面镜，司机不仅可以看到汽车后面，还可以看到侧面，从而减少盲区。但是，凸面镜会使物体看起来更小，因此让司机感觉距离更远。所以这句话的作用是提醒司机，镜中的图像并不是完全准确的。

折　射

折射使调酒棒看起来像在交界处折断。

折射是什么？

光可以通过 3 种方式改变方向：反射、衍射或折射。反射是将光从物体表面（比如镜子）弹回。衍射是波（比如声波或光波）绕过障碍物或通过缺口时发生的偏离直线路径的现象。折射指当光从一个介质进入另一个介质时发生弯曲的现象。眼镜镜片能折射光线，使佩戴者的眼睛可以正确地聚焦光线。阳光在遇到地球大气层或射入水中时，也会发生折射。经过折射介质后，该物体的图像可能会看起来大不相同。

能不能确定光波进入不同的介质时的折射角？

当一束光遇到不同的介质时，它的弯曲程度取决于特定介质的物理特性和光进入新介质的角度。

所有的材料都有特定的折射率。折射率可以度量光穿过某种材料时的速度。一个特定介质的折射率是在真空中的光速除以在该介质中的光速。因此，光在没有阻碍的情况下传播，即在真空中传播时，它的折射率是1；而玻璃的折射率较高，通常情况下在1.5左右。折射率越高，光在该介质中的传播速度就越慢。

斯内尔定律是以荷兰物理学家维勒布罗德·斯内尔的名字命名的，它阐述了光接触到两种不同材料的分界线时，光会偏离其原始路径（产生折射）。根据斯内尔定律，如果两种介质中，位于上部的材料比下部的材料折射率更小，那么进入下部的材料中时光线将从其原始路径偏转到更小的角度，向垂直线靠近。当射入角增大时，折射角也会增大。

不同介质的折射率是多少？

下表是几种不同介质的折射率。折射率（n）代表的是光在真空中的传播速度和在介质中的传播速度的比率。折射率越大，光从空气进入该介质发生折射时偏离得越多。

介　质	折射率（n）	介　质	折射率（n）
真　空	1.00	石　英	1.54
空　气	1.000 3（通常视为1.00）	火石玻璃	1.61
水	1.33	钻　石	2.42
冕牌玻璃	1.52		

通过了解上述折射率和光射入新介质的角度，人们能在光进入新介质时，准确地预测折射角的大小。

为什么一个人站在水池里时看起来又矮又胖？

在水面上的身体部分看起来还是匀称的，因为进入你眼睛的光线没有进入不同的介质并发生折射。然而，水下的部分——即人的下半身——看起来很短，因为从腿上反射的光线先通过水然后才进入空气。介质的变化导致了折射。由于水的折射率大于空气的折射率，人的下半身看起来被压扁了，显得又矮又胖。

人们看到星星在天空中的位置是它们的实际位置吗？

首先，星光已经传播了几百万光年，所以有一种可能是我们所看见的星星已经不存在了。然而，这个问题指的是星星的位置。在星光射入地球大气层时，它会发生轻微的折射。因此，星星实际的位置并不是我们所看到的位置，两者之间有一定的偏差和距离。太阳和月亮也有同样的情况，特别是当它们位于地平线附近时，阳光和月光会发生轻微折射，导致太阳和月亮看起来有些扭曲。

透镜是什么时候出现的？

古希腊人和古罗马人没有真正意义上的透镜，但他们曾尝试用一个装满水的玻璃广口瓶和球体来折射光线。阿拉伯人认识到用透镜能将物体的影像放大，所以他们使用放大镜读书。13 世纪的欧洲，有人把两个放大镜放在镜框中，制成了第一副眼镜。当时，透镜的材料是绿玉，这种透明的宝石很容易被加工成放大镜。现在的透镜是由透明轻质的塑料制成，比又重又易碎的传统玻璃透镜便宜且耐用。

透镜的焦距是什么？

透镜的焦距是透镜中心与光线通过透镜后会聚点的距离。较圆的透镜有较短的焦距，较扁平的透镜有较长的焦距。

凹透镜是什么？

凹透镜至少有一个凹面，另一面在通常情况下是平的。光线进入凹透镜后，会变得发散（也就是说光线传播的方向更为扩散），这会在屏幕上产生更大的图像。

凸透镜是什么？

凸透镜至少有一个凸面。它的形状使入射光线会聚在一点，也就是说，入射光线在传播足够的距离后最终会相交于一点。这样就会在焦点前产生一个小的正立像，在焦点之后，当镜像投射到屏幕上时，产生比实物大并且倒转的图像。

针孔照相机是怎样成像的？

我们可以用一个鞋盒来模拟针孔照相机，在盒子的一边有一个针孔而另一边有一个屏幕。当光穿过盒子的小孔时，小孔就起到凸透镜的作用，它使光线聚焦到一个焦点上（针孔），在焦点后，屏幕上投射出倒转的图像。

针孔照相机很容易制作，人们常常在日食时使用它，因为直视太阳（无论是日食期间还是其他时候）是非常危险的。背对太阳，把小孔朝上对准太阳，在屏幕上就会看到月亮在太阳前经过的图像。

沙漠中的海市蜃楼是什么？

海市蜃楼通常出现在炎热的夏季，当沙地、混凝土或沥青的表面变热时。海市蜃楼看起来就像地面上的一潭水，水中倒映出远方的高楼大厦、车辆或树木的颠倒图像。当你接近海市蜃楼时，水潭和倒影就消失了。

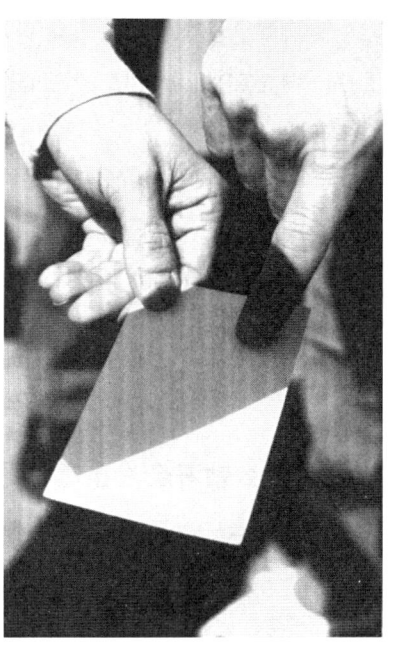

通过针孔照相机看到的日食

地表上的空气是热的，而距地面几米高的地方空气是凉的，正是这种温差造成了海市蜃楼。两种不同温度的空气使来自物体的光发生了折射，向上弯曲，朝向观察者。因此，物体的折射图像是倒立的，并且位于实物的下方。看到的"水"也是折射图像，即天空的图像。海市蜃楼发生在炎热的表面和物体上，并且物体和观察者之间需保持相对

沙漠中的海市蜃楼

较小的角度。因此，一个人看不见仅数米远的物体的海市蜃楼景象。海市蜃楼不是幻觉，而是一种真实并且得到充分证实的光学现象。

全内反射和临界角是什么？

一束光到达一种介质和另一种介质的交界处时，它被全部反射回原来的介质中，这时就形成了全内反射。因为光是到达两个不同介质的交界处时角度过大（叫作临界角），所以不会穿透另一种介质。光线刚好没有发生折射而被反射回原有的介质中时，它就达到了临界角。

为什么钻石会发出耀眼的光芒？

一颗钻石的优劣很大程度上取决于它是否有良好的切割。钻石的侧面需要切割成特定的角度，当光射入钻石时，光会在钻石内部反射而不会折射出去。钻石的临界角约为25°。因为钻石的临界角小，所以射入钻石的大部分光不是从侧面而是从顶部射出，这就是钻石发出耀眼光芒的主要原因。

如果你在水下睁开眼睛，能看见水上的景象吗？

在水下能观察到全内反射。如果潜水员直接往上看，那么他将会看见天空和水面上的任何其他可视环境。然而，如果潜水员以48°角或更大的角度向水面上看，他将看不见水上的世界，相反他看到的是湖底的反射。下次你在游泳池时，试着去看水面，逐渐变化角度，在某一点上你就看不到游泳池外面的世界了，因为光已经达到其临界角。

纤 维 光 学

光纤是如何利用全内反射来传播信息的？

利用全内反射原理以光速传播信息的玻璃纤维叫作光纤。现代激光器把光发送到光纤的一端，使消息传递到另一端。当激光照射玻璃纤维外壁时，它不会折射出玻璃，而是反射回电缆中，沿着光纤移动。光纤覆层的折射率应尽可能高，这样临界角就会尽可能小。只有以小于临界角的角度照射覆层的光才会折射到光纤外。玻璃与覆层的临界角小到光在长距离传输时不会显著衰减。这种传播信息的方法已经大幅度地改善了通信领域，并且还将继续为通信领域带来更多的发展。

光纤

纤维光学起源于什么时候？

光能够通过玻璃丝传播的构想起源于19世纪40年代，当时，物理学家科洛顿和巴比内论证了光能通过喷泉里弯曲的水柱传播。第一个使用一束光纤来呈现图像的是一位名为拉姆的德国医学生。1930年，他使用光纤投射了一个灯泡的图像。通过不懈的研究，拉姆最终使用光纤来观察和探测人体部位，而无需大切口。从那时起，人们对光纤做了更为严肃认真的研究，后来随着激光的发展而更为欣欣向荣。

目前纤维光学被应用在哪些领域？

通过光纤传递信息对技术领域产生了巨大的影响。

医疗领域从光纤束的使用中受益匪浅，它使人们可以观察到原本看不到的身体部位。不用做"开放"手术，激光束通过光纤被送进体内，进行检查和治疗。

通信可能是从光纤技术中获益最多的领域。计算机区域网络正在使用光纤来加快文件和应用程序的传输速度。通过光纤传输的光能传播数百千米，而无需增强信号，这相对于传统的电力系统信息传输是一个重大突破。

用光代替电传递信息的主要好处体现在哪些方面？

用光来传递信息有许多基本的好处。首先，与电力传输相比，传播光信息几乎不产生热量。电路使用时间长就会变热，因此需要冷却。其次，光比电信号快得多。使用光的另一个好处是它不会像电力传输那样受电干扰。光纤线更容易弯曲，而电传递信息使用的铜线如果发生弯曲就会增大电阻。除此之外，光纤本身比铜线便宜。最后，光纤能承载更多的信息：一根光纤，在调制激光的帮助下，能够传播整个城镇的电话和电视台的信号。

179

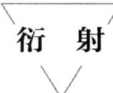 **光的衍射是什么?**

光的衍射是光偏离直线传播路径而绕过障碍物的现象。当光被射入比光的波长大的小孔时,会形成清晰的阴影。然而,当光需要穿过一个非常狭窄的小孔时,它会绕过小孔的边缘,形成模糊的阴影。所有类型的波都会发生衍射。

光 学 仪 器

人 眼

 **人的眼睛是如何看见物体的?**

眼睛不是"看见"物体,它只是接受刺激,并将其传递给大脑进行解读。为了接收图像,我们的眼睛有一个聚焦图像的透镜、一个能调控射入我们眼里光线量的虹膜以及一个被叫作视网膜的屏幕。

为了聚焦我们想看见的物体,眼睛通过收缩或放松眼中的睫状肌去改变透镜的焦距。一旦完成对焦,图像被双凸透镜颠倒,并且聚焦到视网膜上。视网膜由上百万的视锥细胞和视杆细胞组成,它将电脉冲传送到视神经,最后到达大脑。在大脑里图像被解读并被倒转过来,形成一个正立的画面。

 **眼睛中的视锥细胞与视杆细胞有什么区别?**

视锥细胞是视网膜上圆锥形的神经细胞,它能辨别或采集图像的微小细节。它们主要位于视网膜的中心。视网膜的这个区域(被称为黄斑中央凹)捕捉非常清晰的图像。视锥细胞还能辨别颜色。

在远离黄斑区的区域,视杆细胞就替代了视锥细胞。视杆细胞负责大面积的一般图像,它并不针对图像的细节。这就解释了为什么当我们仔细检查某物时,需要向前直视

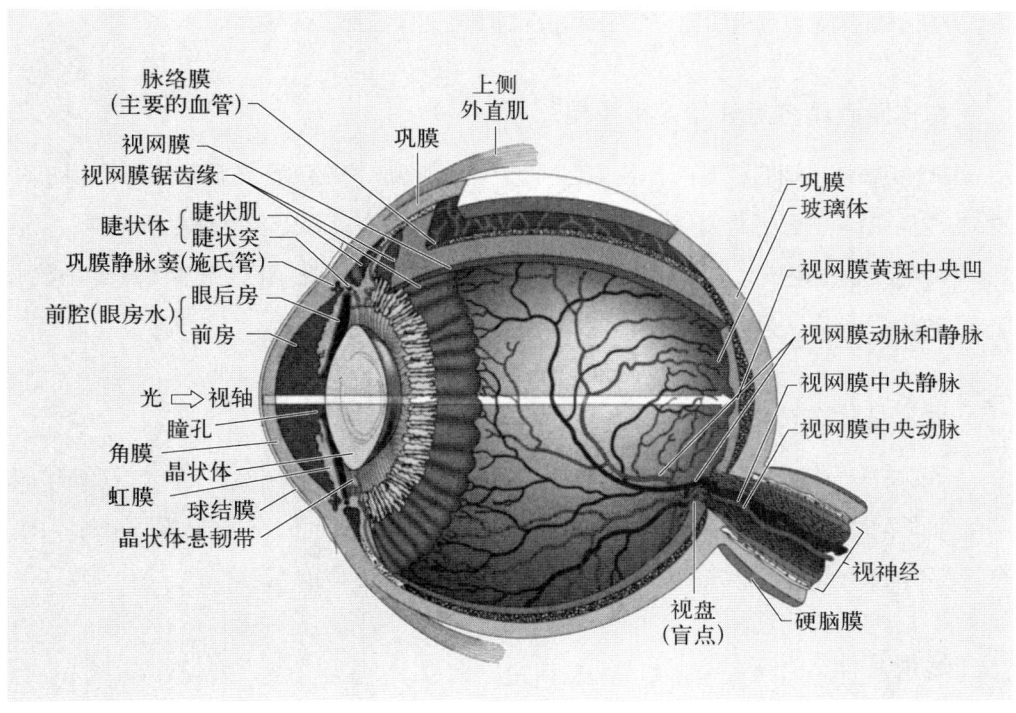

脉络膜
(主要的血管)
视网膜
视网膜锯齿缘
睫状体 { 睫状肌
睫状突
巩膜静脉窦(施氏管)
前腔(眼房水) { 眼后房
前房
光 ⇒ 视轴
瞳孔
角膜
虹膜
晶状体
球结膜
晶状体悬韧带

上侧
外直肌
巩膜

巩膜
玻璃体
视网膜黄斑中央凹
视网膜动脉和静脉
视网膜中央静脉
视网膜中央动脉
视神经
硬脑膜
视盘
(盲点)

右眼侧视解剖图

它。图像聚焦在视网膜的中央凹，在那里大量的视锥细胞捕捉到图像的微小细节。另外，视杆细胞还用于夜间视觉。

当聚焦远处的物体和近处的物体时，晶状体是什么形状的？

睫状肌的作用是改变晶状体的形状，根据物体的距离调节张力以便对焦。当聚焦于远距离的物体时，晶状体需要较大的焦距，这时睫状肌会自然放松，使晶状体变得扁平。当眼睛看近处时，则需要较短的焦距，此时睫状肌收缩，使晶状体更圆，从而缩短晶状体的焦距。调节晶状体的形状以聚焦物体的过程被称为"调节"。

在水下游泳时，为什么睁开眼睛看到的图像是模糊的，而戴上泳镜后能看到清晰的图像？

尽管眼睛的晶状体能够改变形状，让图像落在视网膜上，但光的折射大部分发生在从空气进入角膜时。水代替空气，就会改变光在角膜的折射，在视网膜上产生模糊的图像。然而，如果角膜前有少量空气的话，折射属性便恢复到了正常状态。

🔭 物体距眼睛多近开始变得模糊？

物体和眼睛之间的距离有一定限度，超过这个限度，眼睛就无法调整焦距了。约 30 岁前，能够聚焦的最近距离是 10 ～ 20 厘米。随着年龄的增长，晶状体趋于僵硬，看近的物体就会越来越困难。事实上，当一个人到 70 岁时，他的眼睛已无法聚焦于眼前数米之内的物体。所以，大多数老年人需要戴老花镜来看近处的物体。

🔭 近视是什么？

近视是指一个人只能看清近处的物体而不能看清远处的物体。当一个人近视时，意味着他眼里放松的、相对扁平的晶状体的焦距落在视网膜前面。根据近视程度的不同，有的人不能清楚地看清远方的物体，有的人也许连几米远的物体都看不见。

🔭 远视是什么？

远视是晶状体调节只能看清远的物体但却不能聚焦到近处的物体上。对于远视的人来说，他们晶状体的光学焦点位于视网膜之后。由于视网膜是唯一能接收信息的通道，所以近处的图像都是模糊的。为了矫正远视眼，需要使用凸透镜把光线聚集在近处，并使它们落在视网膜上。

🔭 在黑暗中，为什么夜行动物比人类看得更清楚？

在黑暗中，夜行动物比人类看得更清楚的原因主要有 4 个。

第一个原因是它们的眼睛相对于身体大小来说更大，并且能比人类的眼睛收集更多的光。更多的光自然就会形成更加清晰的图像。

第二个原因与夜行动物眼睛里的视椎细胞和视杆细胞有关。视椎细胞的功能是捕捉微小细节，在亮光下功效最佳。对于夜行动物来说，它们不需要太多的视椎细胞。因此，它们的眼睛就有更多的空间容纳视杆细胞，这些视杆细胞的作用是探测运动和形状这样的大体信息。

第三个原因是夜行动物眼睛里存在一种叫作绒毡层的东西。绒毡层是视网膜远侧的一层膜，它将光反射回视网膜，从而使视网膜加倍接收光线。没有被视椎细胞吸收的光从瞳孔反射出去，所以当明亮的灯光照在夜行动物的眼睛上时，它们的眼睛会发出亮光。

第四个原因是许多夜行动物有狭长的瞳孔，使动物的眼睛能更快地做出反应。因此，在晚上，它们的眼睛可以睁得极大，而在白天只允许少量的光进入眼睛。

▌大角枭（一种夜行动物）的眼睛

照 相 机

📡 照片中的红眼现象是什么导致的?

使用闪光灯时出现了红眼现象，是因为用于曝光的光线不足。在正常情况下，为了使足够的光进入眼睛，瞳孔会放大，以便在视网膜上形成图像。但是当闪光灯闪烁时，瞳孔没预料到会有强光，因此没有机会收缩。结果，大量的光进入眼睛并反射眼睛后部的红色视网膜。瞳孔上的红色实际上是胶片捕获的视网膜的反射。

📡 用什么方法来减少照片上的红眼问题?

许多现代相机的一个特点就是防红眼，它尽量使人的瞳孔缩小从而避免太多的光从视网膜反射回来。有几种方法可以实现这种功能。一种方法是在真正闪光之前先用一个小灯照明；另一种方法是在拍照之前快速发出 5 ～ 6 次连续预闪，在正式闪光之前使人眼的瞳孔缩小，从而避免红眼问题。

望 远 镜

📡 谁发明了望远镜?

伽利略使用望远镜来观察恒星和木星的卫星，他惊讶于恒星和木星的卫星的数量如此之多，而它们中的绝大部分是人的肉眼所看不见的。尽管伽利略在 1609 年展示了望远镜，因此荣获望远镜发明家的称号，但是历史研究表明，1608 年荷兰的一位名为汉斯·利伯希的眼镜制作者发明了第一架望远镜。

天文学家约翰内斯·开普勒和克利斯托夫·沙伊纳通过使用两个被大焦距分隔的凸透镜，对望远镜进行了改进。这些望远镜非常笨重，实践证明它们使用起来非常不方便。大约 120 年以后，人们能够制造出更高质量的火石玻璃，这使望远镜有了很大程度的改良。

1668 年，艾萨克·牛顿发明了用镜子聚光的反射望远镜。

如今，望远镜相对来说比较便宜。普通人都可以架起一架望远镜来观测星空，而且可以使用比伽利略或牛顿曾经梦想的望远镜更好的仪器。

▌伽利略望远镜的复制品

折射望远镜是什么？

折射望远镜是历史上第一种望远镜。它使用透镜将光收集、折射并聚焦到目镜上。折射望远镜由于透镜的重量和颜色失真两个原因，只能接收有限的光线。颜色失真现象被称为色像差，当光通过透镜的不同部分时会产生明显的色像差。

反射望远镜是什么？

反射望远镜使用镜子收集光线并聚焦图像。这种望远镜通常由两面镜子组成：望远镜的一侧安有大型镜子用来收集光线，而稍小的镜子可以将光导向目镜。1668 年，艾萨克·牛顿发明了第一架反射望远镜。

除了大小之外，夏威夷的凯克望远镜还有什么独特之处？

位于冒纳凯阿火山的凯克天文台的望远镜工程所用的镜子是独一无二的，因为这面镜子由 36 个六边形组成。镜子的每一部分都采用电子控制，这使镜子的定位、清洁和其他维护工作执行起来相当容易。

为什么使用像哈勃空间望远镜这样的太空望远镜很有优势？

拥有太空望远镜的主要优势是它们能避开会使图像变形的光、空气污染和空气折射。此外，太空望远镜也能收集红外线、紫外线、X 射线和 γ 射线，这些辐射在地球的大气层中很难接收。

哈勃空间望远镜

哈勃空间望远镜首次进入轨道时出了什么问题？

哈勃空间望远镜的主镜曲率存在一个极小的误差（不到人类头发的厚度），但是这个极小的误差却造成了严重的聚焦问题。这个直径 2.4 米的巨大主镜不能使光聚焦在望远镜内部正确的位置上。美国国家航空航天局因为这个误差遭受了数百万美元的损失。

美国如何校正了哈勃空间望远镜的问题？

哈勃空间望远镜进入环绕地球的轨道 3 年后，来自"奋进号"宇宙飞船的一队宇航员在哈勃空间望远镜上安装了 3 个极小的镜子来校正其存在的聚焦问题。修理后，哈勃空间望远镜帮助人们进行有关宇宙年龄和宇宙膨胀率的严肃研究，并使人们观察到了以前通过地球上的望远镜从来都没有看到的其他恒星和星系。

第10章
电和电学

静 电 学

静电学是什么？

静电学是对可以从一个地方移动到另一个地方而后保持静止的带电粒子的研究。静电学涉及正负电荷的吸引力和排斥力。

谁发现了静电？

两位古希腊的哲学家——米利都的泰勒斯和特奥夫拉斯图斯观察到了琥珀在被毛皮摩擦过之后，能够吸引灰尘和其他小颗粒。几个世纪之后，英国女王的御医威廉·吉尔伯特对琥珀做了一些科学的观察和实验。

物体为什么会带正电、带负电或不带电？

物体带负电是因为物体上带负电荷的电子更多。物体带正电是因为物体上带正电荷的质子更多。不带电的物体中，每个原子都有一个电子对应一个质子。

哪种电荷的组合可以产生吸引力或排斥力？

引力可以吸引物体，而静电力可以吸引或排斥电荷。相同电荷（正电荷与正电荷或负电荷与负电荷）相互排斥。不同电荷（正电荷与负电荷）相互吸引。一个描述人际关系的短语"异性相吸"也适用于静电力。

如何观察静电力？

橡胶棒与毛皮摩擦时，毛皮的电子转移到橡胶棒上。本来中性的物体带电了。橡胶棒带的是负电，因为它有了多余的电子，这时它可以吸引正电荷。由于它可以吸引其他物体中的正电荷，它就能吸附小纸片、灰尘，甚至使人的头发竖起。尽管这些物体受到带负电的橡胶棒的吸引，但是物体本身仍然是中性的，因为它们本身没有净电荷，只是在与橡胶棒接触的过程中出现了极化现象。在静电学中，极化意味着正电荷和负电荷重新排列，纸片或灰尘中的正电荷尽可能接近带负电的橡胶棒，而负电荷尽可能远离橡胶棒。

用丝绸摩擦玻璃棒会产生相反的效果。玻璃棒带正电，而丝绸则得到了额外的带负电荷的电子。玻璃棒也能吸附小的物体，但是它所吸引的是物体中的负电荷，而不是正电荷。

为什么用头发摩擦过的橡胶气球会粘在墙上？

带电的气球和墙壁之间的吸引力是静电力的结果。当橡胶气球与人的头发摩擦时，头发中的电子很容易转移到橡胶气球上，这个过程被称为摩擦起电。由于多余的正电荷相互排斥，头发可能会竖起来。而带负电的气球会被墙壁上的正电荷所吸引。墙壁产生极化现象后，正电荷靠近气球，负电荷则远离气球。只要气球和墙壁之间的静电力导致的摩擦力大于使气球下落的重力，气球就会粘在墙上。

为什么有时触摸门把手时会感觉到被电了一下？

这种令人不悦的事情通常发生在干燥的日子里，当你走在地毯上时。地毯和鞋之间的摩擦使你的身体获得了额外的负电荷。当你的手接近门把手时，手上的负电荷会受到门把手中的正电荷的吸引（由极化产生）；当两种电荷相遇时，会产生电火花。

在使用计算机时，为什么要注意避免静电累积过多？

如果你曾经给计算机安装过电路板或插件，那么可能会发现这些产品被装在"防静电"的袋子里。这个袋子的作用是将所有多余的静电荷排斥在外。许多电子电路对静电累积很敏感，如果电荷积聚在电路的某个地方，可能会造成一定的伤害。因此，在安装电路板时，说明书通常会告诫你先通过触摸接地的金属物体来释放身体和工具上的静电，然后再接触电路板。

哪些材料是好的电导体？

要有效地传导电荷，材料必须允许电流在其内部自由流动。尽管大多数的材料在某种程度上都能导电，但是好的导体，比如大多数金属（特别是铜和银），有许多自由电子，有助于电荷非常容易地移动。

哪些材料是好的电绝缘体？

与导体的作用相反，绝缘体抑制电流的运动。非金属材料一般是有效的绝缘体，比如塑料、木材、石头和玻璃。这些材料中的电子不像导体中的电子那样能够自由地移动。

如何测量电荷间的作用力？

所有的力（包括电荷间作用力）的单位都是牛顿。确定电荷间作用力大小的公式与万有引力公式略有不同，静电力使用的是电荷而不是质量，而且常数不同。1785 年，夏尔一奥古斯丁·德·库仑通过实验确定了有关电荷间作用力大小的几个变量。他发现，要想确定电荷间作用力的大小，必须确定两个及以上粒子上的电荷数，以及电荷之间的距离。

库仑定律是什么？

库仑定律能计算出两个带电物体之间的吸引力或排斥力的大小，其公式为：$F = k(q_1 q_2 / r^2)$。这里的 k 是静电力常量，它的值为 $9.0 \times 10^9 \, Nm^2/C^2$。$q_1$、$q_2$ 代表被测量物体的电荷量。最后，r 是两个带电物体之间的距离。得到的结果是负数代表吸引力，而正数代表排斥力。如果知道了公式中的变量，那么就可以计算两个带电物体之间的静电力。

如何理解 1 库仑的电荷？

1 库仑的电荷量相当于 6.24×10^{18} 个电子或质子的电荷量。负数代表电子的电荷量，而正数代表质子的电荷量。

验电器是什么？

人们使用验电器以检验物体是否带电。它由两片金属片（铝箔、金箔等）和一根金属杆组成。如果验电器的顶端接触到了带电物体，两片金属片就会相互排斥（因为它们携带同种电荷），这就表明该物体带电。如果金属片没有相互分开，则表示验电器所接触的物体不带电。

谁发明了验电器？

英国物理学家迈克尔·法拉第在 18 世纪中期制造出第一个验电器，并借助验电器，提出了电场的概念。

电场是什么？

电场是在两个及以上带电粒子之间存在吸引力或排斥力的区域。就像地球上存在重力场一样（所有有质量的物体都受到地球的吸引），电场中的带电物体之间存在着相互的电吸引力或电排斥力。

高斯定律是什么？

高斯定律描述了电荷与周围电场的强度和分布之间的关系。这个定律是以卡尔·弗里德里希·高斯的名字命名的。高斯是一位数学家，19 世纪初，他将非凡的数学技巧应用在天文学和物理学的研究中。

范德格拉夫发电机

范德格拉夫发电机是什么？

范德格拉夫发电机是以其美国的发明者罗伯特·杰米森·范德格拉夫的名字命名的。这种发电机是全世界物理课堂和博物馆里电力展示中的亮点。范德格拉夫于 1931 年发明了这种装置，它包括一根绝缘的塑料管和位于其上的中空金属球，管内有一根橡胶带，从发电机底部垂直连到金属球上。橡胶带使负电荷沿管移动至金属球上。金属梳用来捕获电荷并将它们分布在金属球的外部。在球体上积聚的大量负电荷可以达到几百万伏特。

当人碰到范德格拉夫发电机时会发生什么？

如果有人在范德格拉夫发电机为金属球充电时碰到金属球，球体上不断积聚且相互排斥的电荷会转移到人身体上。最终，人的身体会充满电荷。因为头发上的相同电荷产生排斥力，所以人的头发就会竖起来。这并不会对人造成伤害，因为通过人体的电流微不足道，并不足以对人体造成伤害。

▍范德格拉夫发电机导致人的头发竖起来。

当人靠近范德格拉夫发电机时会发生什么？

范德格拉夫发电机的球体是由绝缘体（空气）包围的导体。电荷有强大的离开金属球的倾向，但是由于存在空气这个绝缘体而不能实现。然而，当带有正电荷（即与球体有不同电势）的物体靠近范德格拉夫发电机时，负电荷就会跳过空气间隙与正电荷结合。当人靠近正在充电的范德格拉夫发电机时，人就会感受到触电，并看到在人体的末端（如手指或鼻子）与发电机之间出现一道微型闪电。尽管可能有点疼，但是它对人体并没有伤害。这是在物理课堂上常做的小游戏，用的是典型的范德格拉夫发电机，而不是研究室或博物馆中的大型发电机。

📊 **在范德格拉夫发电机的金属球上有几十万伏特的电，那么在球体内部有多少电荷？**

答案是零。当负电荷离开橡胶带时，它们马上移动到球体的外围。负电荷会尽可能远离彼此，这就是它们为什么会移动到到范德格拉夫发电机的最外围。

📊 **法拉第笼是什么？**

以英国物理学家迈克尔·法拉第的名字命名的法拉第笼是一种可以屏蔽电荷的笼子或金属格栅。电荷聚集在笼子的外壳上，因为它们相互排斥，只有当它们聚集在外壳时才可以尽可能地远离彼此。这导致法拉第笼内部呈电中性。范德格拉夫发电机的金属球体就是一个法拉第笼。汽车和飞机也可以被视为法拉第笼，它们可以在雷电天气中为乘客提供一定的防雷击保护。

莱 顿 瓶

📊 **莱顿瓶是什么？**

莱顿瓶是如今电容器的基础，它是一个有橡胶塞的玻璃容器，可以储存电荷，由两块导电板（通常是铝箔）组成，导电板之间由绝缘体（通常是玻璃或塑料）隔开。铝箔的内层放在瓶子内部充电，而外层放在瓶子外接地，所以它可以积聚相反的电荷。当充电完成后，带着满满电荷的莱顿瓶可以随处移动，随时使用。

当给莱顿瓶放电时，从莱顿瓶的外侧（正电荷层）连接一根金属丝到内侧（负电荷层）。当金属丝接触到内侧时会产生一个相对较大的电火花，这时莱顿瓶就重新变为中性。

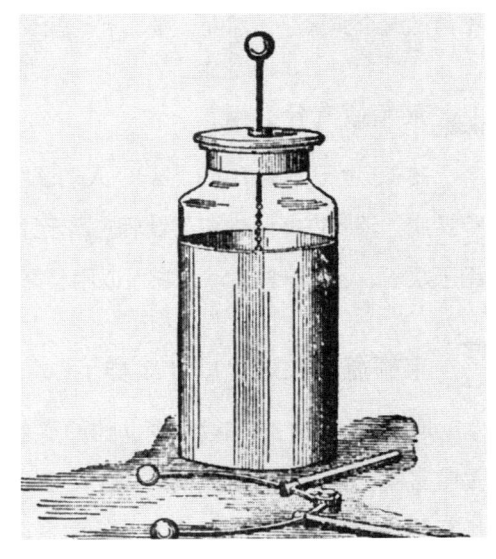

▎莱顿瓶

本杰明·富兰克林利用莱顿瓶取得了什么成就？

本杰明·富兰克林在电学方面做出了很多的贡献，其中最有趣、最大胆的实验与莱顿瓶有关。富兰克林提出了正电荷和负电荷的概念，而且意识到在玻璃绝缘体的每一侧之间存在电场。发现莱顿瓶两块金属板之间的电场是静电学和电场领域的一个重大进步。富兰克林试图捕获闪电中的电并将其储存在莱顿瓶中。在某种程度上他获得了成功，因为他可以从闪电中获得电荷并将其储存在瓶子中，并在将内外两块金属板相连时产生了巨大的火花。他的实验获得了成功，这可以说是一种幸运，因为第二个试图这样做的人在实验中丧生。富兰克林意识到了电可不是闹着玩的。

谁发明了莱顿瓶？

在18世纪40年代，荷兰科学仪器制造者埃瓦尔德·冯·克莱斯特和彼得·范米森布鲁克制造了第一个莱顿瓶，但是他们当时并没有意识到这项发明具有的潜力。他们使用瓶子是因为当时人们认为电是一种流体，而瓶子是用来储存流体的。

最初的莱顿瓶在瓶子内部有金属钉和水。范米森布鲁克握住瓶子的外部，钉子从静电机得到一个电荷，他就会从地面上获得了一个相反的电荷。当他用另一只手去触摸钉子时，他感觉到了明显的电击！这是第一次人工制造的电击。范米森布鲁克表示他永远不再做这个实验了。然而，第二天他就改变了主意，又回去研究莱顿瓶了。

莱顿瓶有什么用？

在18世纪末期和19世纪，人们试图以多种方式使用莱顿瓶。一些人认为它可以治疗疾病，因此许多医生将莱顿瓶应用于原始的电击疗法中。另一些人将其作为演示设备，用于娱乐。还有一些人认为它可以用于烹饪。用电火花将火鸡烤熟是多有创意的事啊！

莱顿瓶现在进化成什么样了？

现在如果人们想储存电荷，他们不必到处拿着莱顿瓶去收集电荷。人们现在使用的是电容器。根据设计的不同，每个电容器都有特定的存储量。就像莱顿瓶一样，电容器也有两块导电的金属板和一个位于两者之间、能产生电场的绝缘体。放电时，用金属丝连接两块金属板，从而迅速放出电荷。

电　容　器

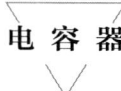 **电容器有什么用?**

电容器用来储存大量电能,以供以后使用。在各种各样的电路中都能看到电容器的存在。照相机的闪光灯主要依靠电容器来工作。通常情况下,照相机的电池不能产生足够大的电流让闪光灯亮起来。为了解决这个问题,人们使用电容器来存储大量的电荷,当照相机需要强大的电流时,电容器就会放电,向闪光灯发送电流。

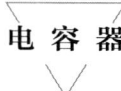 **照相机闪光灯闪过后为什么会发出嗡嗡声?**

电容器放电后,照相机需要为下一次打闪光灯做好准备,因此,电容器再次充电,有时照相机的内部电路会同时发出嗡嗡声。

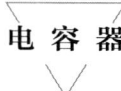 **电容的单位是什么?**

电容的计量单位是法拉,是以迈克尔·法拉第的名字命名的。电容是电容器所带电量与两极之间电势差的比值,其公式为 $C = Q / V$,其中 C 是电容,Q 是电容器所带电量,V 是两极之间的电势差。

闪　电

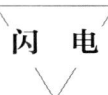 **闪电是如何产生的?**

闪电是发生在带电雷雨云之间或者雷雨云和地面之间的放电现象。积雨云中电荷的分离造成了云层顶部和云层底部、云层底部和地面之间的巨大的电势差。云层顶部是正电区,底部是负电区,而地面则是正电区。当云层底部的负电区与地面的正电区形成足够大的电势差时,电荷相互碰撞,产生耀眼的闪光。

▍美国图森上空的闪电

雷雨云和地面怎么会带电？

大多数物理学家认为，云层内的冰粒子和水滴相互摩擦时，电荷会发生分离。电荷的分离使云层上端聚集正电荷，下端聚集负电荷。地面带电则是因为静电感应现象。雷雨云下端的负电荷吸引地面上的正电荷，因此大部分负电荷进入地下，留下带正电的地面。

云层和地面的带电区域是如何成为大型电容器的？

电容器是由两块导电金属板和一个绝缘体组成的。当两块导电金属板被金属丝相连时，会产生巨大的电流，形成电火花。云层的带电区域相当于导电金属板，而它们之间的空气具有绝缘作用。在云层的底部和地面之间的情况也一样，空气充当了绝缘体。当电荷穿过空气并与相异的电荷接触时，就会产生巨大的电流，形成闪电。

闪电总会到达地面吗？

尽管大多数人认为闪电发生在地面和云层之间，但是最常见的闪电还是发生在雷雨云内部。对于电荷来说，在云层间跳跃比从云层跳跃到地面容易得多。实际上，只有 1/4 的闪电会到达地面。

闪电的发生频率有多高？

据估计，世界上平均每秒大约会发生 100 次闪电。由于大多数闪电发生在云层内部，每秒大约有 25 次闪电到达地面。

电荷是如何穿过空气的？

当云层和地面之间有足够的电势差时，先导的负电荷会离开云层，呈之字形移动，然后到达地面。地面的正电荷感应到负电荷的强烈吸引，会从高大的物体（比如树、建筑物和塔）上发出，形成电子流。当它们相遇时，云层和地面之间的放电就开始了。闪电从接触点到达地面，然后先导的负电荷流的每一个分支都会向地面放电。因此从某种意义上来说，闪电是从地面向上开始的，而电流则是向地面流动的。

闪电的平均电压、电流和持续时间是多少？

在闪电发生之前的电压可达到数千万伏特。一般来说，闪电的电流是 2.5 万 ~ 3 万安培，闪电的持续时间约为 0.25 秒。

在美国，闪电每年造成多少人伤亡？

美国一年有大约 4 000 万次闪电，其中约有 400 次会击中人类。大约半数死亡，其余的人一般会受重伤。

在美国，哪里闪电发生得最频繁？

佛罗里达州的一个地区被称为"闪电巷"，这个 60 英里（约 96.6 千米）宽的地区是美国闪电最频繁的区域。这个地区每年平均有 90 天时间处于雷鸣电闪之下。

"闪电不会两次击中同一个地方"，这种说法对吗？

这种说法绝对是错误的。纽约的帝国大厦就是闪电多次击中同一个地方的例子。帝国大厦的塔尖曾在雷雨天被击中过几十次。

闪电时，为什么汽车往往是最好的躲避地点？

这并不是因为汽车有橡胶轮胎！许多人认为当闪电击中地面时，汽车的橡胶轮胎提供了绝缘的环境。如果真是如此，难道雷雨天骑自行车也能得到绝缘保护吗？闪电时，车里是安全的地方，这是因为大多数的汽车有金属车身，它的作用相当于法拉第笼，能将所有的电荷隔在汽车外部。既然电荷没有进入汽车内部，车里面的人就可以保持电中性，是安全的。所以保护车内人不受闪电伤害的是金属车身，而不是汽车的橡胶轮胎。

如果飞机被闪电击中会怎样？

飞行员会尽力避开雷雨天气，但是如果飞机真的被闪电击中，里面的乘客也是绝对安全的，因为飞机就像一个法拉第笼，保护人们不受大量电荷的伤害。

20世纪80年代美国国家航空航天局做了大量的研究，他们让战斗机在雷暴天气起飞，看看闪电会对飞机产生什么样的影响。科学家很快发现飞机实际上会吸引闪电，因为飞机压缩了在云层产生的电场。这又反过来导致闪电不断击中飞机的金属机身。

在雷暴天气中，你应该怎么做？

雷暴天气中，最安全的地方是建筑物内（在建筑物中也应该远离电器，如电话、电视，以及管道和散热器）以及车内。但如果你不能躲避到这样的环境里，应该采取下述的预防措施：

蹲下并尽量靠近地面，但不要用手接触地面。如果闪电击中了地面，电流会向各处扩散，仍可能影响你。如果你只有脚接触地面（特别是当你穿着胶底鞋时），可以减少通过身体的电量。如果你因为受伤而必须躺下，要将自己蜷缩成一个球形。

移除身上所有的金属饰物，远离所有的金属物体，除非这个金属物体有法拉第笼的功能。

远离单独的高大的树木。

不要待在山顶以及河流和田野等开阔地。

如果你在湖上或海上，要尽快回到岸边。如果这不可行，要在船上尽量放低身体，并远离高大的金属桅杆或天线。

📟 为什么在雷暴天气里不能站在树下？

在雷暴天气中，许多人站在树下避雨。然而，这可能会带来严重的后果。1991 年春天，美国华盛顿特区一所高中的一场曲棍球比赛因天空出现闪电而被推迟。不少观众跑到一棵大树下避雨。几秒后，闪电击中了这棵树，造成 22 人受伤，1 名 15 岁的学生死亡。

树木是地表上的高点，它会将正电荷流释放到空气中，并吸引先导的负电荷，从而引发闪电。站在树下、撑伞、挥动高尔夫球杆或用铝制球棒击球的人都好像成为避雷针的一部分。

📟 避雷针是如何使大树和房子免受雷击的？

避雷针是安装在树上或屋顶上的尖头金属杆，起到保护作用。避雷针通过一根金属线与地面相连，它既促进雷击，又避免雷击。在雷暴天气中，云层的负电荷与地面的正电荷相互吸引，而避雷针通过从尖头释放正电荷以避免闪电发生。如果避雷针不能提供足够的正电荷，那么云层中的负电荷会被吸引到避雷针上，从而产生闪电。因此，当避雷针不能阻止闪电发生时，它可以将闪电吸引到自己身上，从而避免闪电击中树木或者房屋。

然而，如果避雷针没有好好地通过接地线与地面连接，它反而会增加建筑受雷击的危险。这些沉重的接地线很容易松动，当闪电击中避雷针时，电流会沿着建筑物的表面流向地面，从而引起火灾。疏于日常的维护可能会造成避雷针连接出现问题，所以最好经常检查避雷针的连接情况。

📟 谁发明了避雷针？

本杰明·富兰克林发明了避雷针，用来保护房屋和树木不受闪电的破坏。

电　　流

📟 路易吉·加尔瓦尼是谁？

意大利生理学家路易吉·加尔瓦尼以他偶然发现了电流而闻名于世。他当时并不是在寻求产生电流的方法。事实上，18 世纪 80—90 年代，人们甚至还认为不可能存在持续的电流。加尔瓦尼将两个带电的金属探针接触到死蛙的腿之后，青蛙腿会抽搐。他认为这个实验的结果更多是一个生物学的发现，而不是物理或电学的发现。

加尔瓦尼的实验对亚历山德罗·伏打有什么启发？

亚历山德罗·伏打是加尔瓦尼在博洛尼亚大学的同事，伏打证明了这种抽搐并不仅仅是生物学现象，他认为抽搐是两个带电金属探针碰触青蛙的肌肉所产生的电流引起的。根据伏打的研究，青蛙的肌肉起到了电流导体的作用。伏打成功证明了产生电流的不是神经，而是两种不同的金属，它们利用肌肉作为导体，形成电流。

加尔瓦尼实验最重要的结果是什么？

加尔瓦尼实验中意外得到的知识，促进了伏打电堆的发展。伏打电堆提供了一种生成持续电流的方法。

伏打电堆是什么？

伏打电堆是最早的电池，由亚历山德罗·伏打在 18 世纪末期发明。伏打在银和锌的金属电极之间放了一块蘸过盐水的纸板，隔开金属并传导电流。他发现电子通过铜丝从锌电极转移到银电极上。伏打电堆是如今干电池的前身。加尔瓦尼和伏打在 18 世纪末期的发现使科学研究的重点从静电学转向了电流这一新领域。

电流是什么？

电流被定义为正电荷的流动。它的计量单位是安培，表示 1 秒之内通过导线的电荷量。要产生电流，电源（如电池或发电机）是必需的。

电压是什么？

电压指一个物体中的电势差。要产生电流，必须存在电势差使电流流动。类似于水的流动，电从高势能区域流向低势能区域，就像河水从海拔高的地方流到低的地方。在电路中，电池通常是电势差的来源。电池的正极具有高电势，电流通过电路流向电池的负极，即低电势区域。

电　阻

电阻是什么？

所有的物体在运动中都受到摩擦。电子也是如此，我们将电子受到的摩擦称为电阻。电阻使电荷的移动减慢并引起电线或其他导体发热。当电阻较大时，温度可以升高到足以点亮灯泡或者使烤箱工作。而另一方面，电阻也是有害的，当电阻过大时，会导致一些电器烧毁。

哪 4 个因素决定电阻器的电阻有多大？

电阻器的电阻大小由下面 4 个因素决定：

电阻器的长度（导线越长，电阻越大）；

电阻器的横截面面积（横截面面积越小，电阻越大）；

电阻器的温度（温度越高，电阻越大）；

电阻器的材料属性（自由电子的数量越少，电阻越大）。

电阻器上的色环代表什么？

如果你曾经拆开过电器，你也许会看到小的圆柱形组件，上面有 4 个色环。这些色环代表了电阻器的特定电阻值。当电气工程师想要加快或减慢电路中的电流流动时，这些色环对他们来说尤为重要。

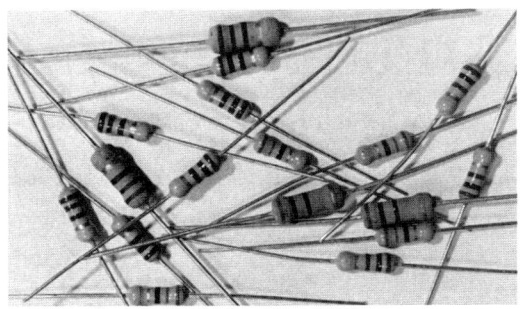

色环电阻器

电阻器上的每一个色环都代表了其特定电阻值的数字、乘数或误差。前两个色环代表第一位和第二位数字。第三个色环代表乘数。第四个色环代表误差。比如说，如果一个电阻器的色带分别是橙色（代表 3）、蓝色（代表 6）、黄色（代表 10^4）和金色（代表 5%），那么它的电阻值就是 36×10^4，误差范围在 5% 以内。

超 导 体

超导体是什么?

超导体是电流通过时电阻为零的导体。如果电可以在没有阻力的情况下传输，那么所有的电力系统将更好、更节能地运行。有些物质在极低的温度下能达到零电阻的状态，就可以作为超导体。这些物质包括铝、铅和铌。然而，陶瓷技术的发展使许多材料不需要被降温到低温临界点就可以成为超导体。这项进步是极其重要的，因为它使制造超导体不再需要那么多能量。

▌陶瓷超导体

谁发现了超导性?

制造没有电阻的材料看起来是不可能的，但是荷兰物理学家海克·卡默林·翁内斯在 1911 年证明了这是可能的。他将不同物体（包括水银）的温度降低，接近绝对零度，然后在低温下测量了不同物质的电阻。他发现水银在只有 4.2 开尔文时对电流的电阻为零。

人们发现了超导性后发明和发展了哪些技术?

超导技术催生了核磁共振成像（MRI，一种不使用有害辐射即可检测人体的方法）、地质传感器（用于定位地下石油）、粒子加速器（通过粉碎亚原子粒子来揭示物质的基本结构）等技术。

在科学领域，超导技术的发展前景如何?

超导技术的进一步发展对依赖电学和磁学的技术有重要影响。在不远的未来，超导体也许会被用来生产、传输和储存电。它可能还会被用来探测电磁信号，保护社区不受功率突增的影响，帮助开发质量更高、信息传送更快的手机技术。更远的未来要发展的技术还包括超导磁悬浮列车和超级计算机。

谁因在超导领域做出了重大贡献而获得了诺贝尔奖？

3 位美国物理学家约翰·巴丁、利昂·N.库珀和约翰·罗伯特·施里弗解释了为什么某些特殊材料会发生超导现象。他们创立的超导理论使他们于 1972 年获得了诺贝尔奖。

15 年后，另外 2 位物理学家因在相对于超导体而言过高的温度下实现了零电阻而获得了诺贝尔奖。国际商业机器公司的物理学家乔治·贝德诺尔茨和亚历山大·米勒发现了一种名为镧钡铜氧的陶瓷物质在 35 开尔文时成为超导体。在当时，所有物理学家都认为在如此高温下不可能形成超导体。

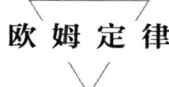

欧 姆 定 律

电流、电压和电阻的单位和单位符号是什么？

下表列出电流、电压和电阻的单位和单位符号：

术 语	单 位	单 位 符 号
电流（I）	安 培	A
电压（V）	伏 特	V
电阻（R）	欧 姆	Ω

电压、电流、电阻之间有什么关系？

电压、电流和电阻是电路的基本要素。18 世纪早期，德国物理学家格奥尔格·西蒙·欧姆提出一个定律，该定律日后以其名字命名为欧姆定律。他发现了电压、电流和电阻之间的关系，并且根据这种关系提出了以下公式：电压 = 电流 × 电阻。

人体大约有多大的电阻值？

大体说来，根据个体的不同，人体的电阻值在 30 万和 70 万欧姆之间，所以要使人受到致命的电击相对来说是不容易的，除非降低身体的电阻值。比如说，当我们把自己弄湿时就会使电阻值减至几百欧姆。在电阻值如此低的情况下，人是很容易触电身亡的。

多大的电流会对人体造成伤害？

即使通过人体的电流量非常小，也能导致疼痛甚至是死亡。然而，人体的电阻值很高，所以高强度电流要通过人体是不容易的。而且电流流经人体所造成的结果还取决于电流在人体中的路径。比如，流经心脏和大脑的电流会对人造成极大的伤害，甚至导致死亡。如果电流只是经过腿、手臂或身体外部，那么人受到的伤害会相对小一些。一般说来，要产生轻微的疼痛感，只需要 0.005 ～ 0.010 安培的电流。0.07 安培的电流就可能致死。当然，人体的高电阻值通常会阻止严重的伤害。

高电压会造成伤害吗？

发电厂和断路器箱周围的标志上通常写着"注意高压"。不过，会伤害到你的不是电压，造成严重甚至致命后果的是通过你身体的电流。范德格拉夫发电机能产生数十万伏特的电压，但它产生的电流非常小，因此它发出的火花只会让你的肌肉感到轻微刺痛。

电椅会产生多少伏特的电压？

在大众的想象中，电椅能让人失去意识、毫无痛苦地死去。这种想象其实是不现实的，因为触电通常是极度痛苦和危险的。一般情况下，电椅对人体施加的电压大约是 2 000 伏特。不是说较低的电压就不会引起疼痛或死亡，但 2 000 伏特的电压一般是不致死的。

如何才能增大电椅施加的电流？

考虑到人体平均电阻值是 50 万欧姆，2 000 伏特的电压只会产生微弱的 0.004 安培电流，只会让人感到有点疼痛。既然将人电死的是流经人体的电流而不是电压，要确保犯人在电刑中死去，执行死刑的人会在犯人身上安置两个浸过盐

▌电椅

水的电极，以降低电阻。盐水将皮肤的电阻降低至约 5 000 欧姆，这可以帮助导电，使 0.4 安培的电流通过犯人身体，在几分钟内致其死亡。

电鳗真的会在捕猎时放电吗？

电鳗确实会发出电脉冲将猎物击晕或电死。电鳗的尾部聚集了大量的特殊神经末梢，这些神经末梢能使小型电鳗产生 30 伏特的电，而大型电鳗则可发出 600 伏特的电。除了在捕猎过程中放电以外，电鳗还会产生恒定的电场用来导航和自卫。然而，大多数人不必担心会遇到电鳗，因为这种鳗鱼仅原产于南美的河流中。

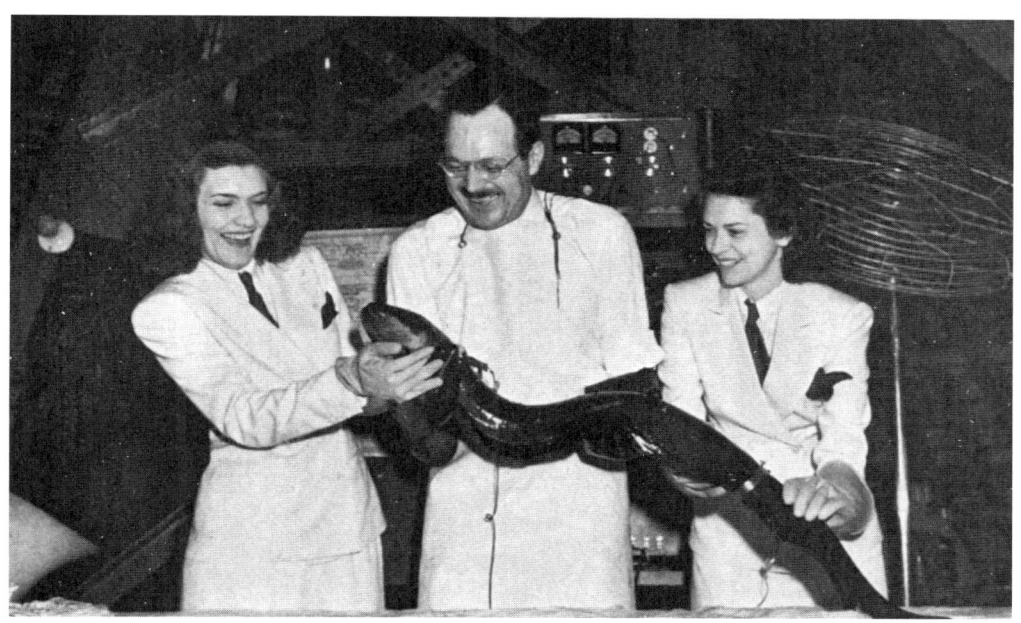

电鳗

为什么停在电线上的鸟不会被电死？

停在绝缘的电线上的鸟是处于同一电势下。如果它接触两个不同电势的物体，它就会被电死。比如说，如果鸟同时碰到了电线（高压）和地面（低压），那么巨大的电流就会导致它触电身亡。人也可以安全地悬在电线上，只要他没有接触或接近另一个不同电势的物体，如另一根电线、电话杆、梯子或地面。然而，请不要尝试这种行为！

停在电线上的鸟不会被电死，因为它们只碰到了电线，而没有碰到其他不同电势的物体。

为什么许多电工在工作时都将一只手放在背后？

许多电工在处理复杂的高电压电路时，都喜欢将一只手放在背后，这是因为如果电工的另一只手碰到不同电势的物体就会触电，而将手放在后面就减少了这种可能。并且，如果电工将手放在背后，就很难在双手之间形成通路，让电流径直通过心脏——即使是少量的电流通过心脏也可能会迅速致命。

瓦特和千瓦

瓦特和千瓦是什么？

瓦特是功率的单位。具体到电学中，它是电功率的单位。人们经常能在灯泡和其他电路设备上找到"瓦特"的字样。要确定电器的功率，可以应用公式 $P = I \times V$（功率 = 电流 × 电压）。1 千瓦是 1 000 瓦特。

📟 为什么 100 瓦特的灯泡比 25 瓦特的灯泡更亮?

瓦特数表明了灯泡的功率。当把两个灯泡插在正常的 110 伏特或 120 伏特的电源插座上时,比起 25 瓦特的灯泡,会有更多电流流过 100 瓦特的灯泡。流过灯泡的电流越大,灯泡就越亮。

📟 千瓦和千瓦时有什么区别?

千瓦是描述特定设备使用的功率的单位,用来测量能量被消耗的速度。它的计算方式是将电器需要的电流与电压相乘。电力公司并不在意你使用电能的速度有多快,他们关注的是你使用了多少能量。因此,电力公司将以你使用的千瓦时数向你收费。千瓦时表示的是你使用能量的总量,并不是使用能量的速度。比如说,一个 100 瓦特的灯泡,其功率是 0.1 千瓦。如果这个灯泡持续一整个月都亮着,那么它消耗的能量是 0.1 千瓦 × 24 小时 × 30 天,一共是 72 千瓦时。如果 1 千瓦时电费是 0.12 美元,那么这个灯泡这个月的电费是 8.64 美元。

电 路

📟 一个完整的电路需要什么?

欧姆定律表明,在一个电路中有 3 个不同的变量。第一个变量是提供的电压,即电路中的电势差。这可以通过与电池、墙壁插座或者其他电源相连而实现。第二个变量是电流。要使电流流动,需要将电线从电源连到电阻,再连回电源。第三个变量是电阻。电线、电器甚至是电源本身都可以充当电阻。

📟 通路和断路是什么?

在电路中使用开关,操作员可以打开或关闭电路。要产生电流,电路中不能有任何缺口,它必须从电源正极到电源负极形成完整的回路,即通路。否则就是断路——这种电路派不上任何用处。

什么会造成短路?

当电路中的电阻太小时,就会发生短路。两根电线绕过电路中的电阻器接触,会造成短路。短路时,电流增大,会导致电路过热,严重时还会引发火灾。

如何避免短路造成的危害?

当发生短路时,电流激增导致温度升高。当电流过大时,会烧断保险丝,断开电路,这时,这个电路就会形成断路,不再有电流通过。

直流电和交流电

19 世纪末期,尼古拉·特斯拉对电学做出了哪些重要贡献?

尼古拉·特斯拉是托马斯·爱迪生的前雇员,对制造和发送交流电系统的发展做出了重要贡献,是该领域研究的关键人士。他的成就还包括发明了特斯拉发电机和特斯拉线圈(作为电磁无线通信的变压器)。

直流电路是什么?

直流电路是电子只朝一个方向移动的电路。大多数的直流电路包括电池或其他直流电源、电线和各种不同类型的电阻。

交流电路是什么?

在交流电路中,电子并不是朝一个方向移动,而是来回振动,每秒振动 60 次。建筑的墙壁插座中就是交流电。大多数的电器都使用交流电。

为什么电器使用交流电而不是直流电?

在制订电力传输的标准时,关于直流电和交流电的争论非常激烈。争论的结果是交流电更好,这是因为交流电更适合远距离传输。用变压器产生高电压的交流电更容易,而人们在几十年里费尽周折,尝试用相似的变压器产生直流电压,却始终失败。因此,交流电取得了胜利。

串联电路和并联电路

串联电路是什么?

串联电路中，电阻、电容器、电池和开关等被安装在单线线路上。电流只有一个路径可以通过。如果串联电路中有一处断路，那么电路上所有的设备都不能工作。

并联电路是什么?

并联电路中，电流经过不同的分支。比如，3 个灯泡可以安装在电路不同的分路上。如果一条分路出现了断路，这条分路上的灯就会熄灭；然而，其他分路仍有电流通过，因此其他分路上的灯泡仍然会亮。

在串联电路中增加灯泡会怎样?

如果在串联电路上增加灯泡，电流就会遇到更大的电阻，所有的灯泡都会变暗。

在并联电路中增加灯泡会怎样?

并联电路的优点是电流会经过各个分路。如果增加一个灯泡，就要增加一个分支，电流就会多经过一条分路并减小电阻。这就好比在公路上再增加一个车道，车道越多，拥堵情况就越少。因此，在并联线路中增加一个灯泡，灯泡并不会变暗。

为什么圣诞树上的装饰彩灯最好用并联电路?

多年来，为了节省电线，圣诞树上的装饰彩灯一直采用串联方式连接。但缺点是，每年总有一两个灯泡会坏掉，只要有一个灯泡出了问题，电路就断开了，导致所有灯泡都熄灭。最近，越来越多的制造商开始生产并联电路的彩灯，如果一个彩灯烧坏了，其他的彩灯仍会亮着。

我们家中使用的是串联电路还是并联电路？

一般而言，家庭和办公室中使用的是并联电路。如果使用串联电路，那么每次有人打开或关闭开关时，整个房间的电器都会被开启或关闭。为了避免这种不便，家庭电路是并联的。因此，如果有人打开一个灯，其他的灯不会变暗。家用并联电路的唯一缺点是如果太多的家用电器同时工作，那么电阻会减小，流经的电流过大，此时，断路器会跳闸或者保险丝会熔断，从而避免引起火灾。如果这种事情经常发生，那么电工就应该在房屋原有的电路上再增加一个电路。

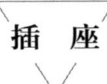

插　座

三孔插座中各孔都有什么用？

插座上面的两个插孔看起来是相同的，但是它们的作用却不同。通常位于插座右侧的插孔接的是火线。火线承载电压，与电器的电路相连，电流流过火线，使电器运作。通常位于插座左侧的插孔接的是零线。零线与家用电器电路的另一侧相连，电压为 0 伏特。记住，要让电流流动，必须存在电势差。火线和零线就提供了这种电势差。第三个插孔位于插座的底部，它与绿色的地线相连。

地线有什么用？

地线是一个绝不能忽视的安全设施。

在使用的电器发生短路时，如果有地线存在，当你触摸电器时，危险的电流不会通过你的身体，而会通过地线安全地传到地面。电流"选择"地线而不是你的身体，是因为地线的电阻比你小得多。

如果电器有三线插头但是你只有两孔插座怎么办？

如果没有适合的插座就不要使用这个电器。确实有一些人剪掉地线或者把三线插头插入适配器中。这种做法完全破坏了地线的安全功能。地线是有一定的作用的，完全放弃使用地线是很危险的。

三孔转两孔适配器上的绿线是什么?

适配器上的绿线是地线。由于适配器没有使用地线插孔,它就采用了其他形式接地。如果电源插座上安装了接地的螺丝,适配器的绿线应该连接到这个螺丝上。这样,如果发生了短路,电流也可以通过地线流走。

接地故障电路中断器是什么?

根据建筑规范,现在要求在排水口附近区域或其他可能因水导致触电的环境中安装接地故障电路中断器。该设备可以探测电流的流失,也就是说它可以发现电流通过其他路径。当这种情况发生时,接地故障电路中断器可以在几毫秒之内切断电路。

▌接地故障电路中断器

为什么在浴缸、淋浴间或装满水的水池附近操作电器有一定的危险?

水会降低人体的电阻值,使人更容易触电。不过,在这种情况下,真正危险的是水管。比如,一个人喜欢在浴缸里洗澡的同时听插电的收音机。如果收音机碰巧掉到浴缸中,水会造成收音机短路,电流会在水中流动。更为重要的是,浴缸的金属水管是与地面相连的,接地的通路会导致电流畅通无阻。对于入浴者来说,这就是一个灾难。在这种情况下,还是使用电池吧。

触电时,浴缸中的水一定是满的吗?

答案是否定的。水并不是触电的关键因素。只要人与带电设备或与金属水管这种接地的东西接触,就容易触电。如今浴室中的接地故障电路中断器就是为了避免此类事件发生而设计的。但是最好还是尽量避免接触电器和管道。

为什么美国使用120伏特的电力系统,而欧洲国家使用220伏特的电力系统?

美国是第一个为公众建立广泛电力系统的国家。在开始建设电力系统时,120伏特的系统看起来可以为用户提供足够的电压,又不会烧毁电灯泡等电器。几年之后,当欧洲国家开始安装电线时，技术的进步使得电器能在更高的电压下运行。因此，欧洲的标准是 220 伏特，而美国仍然使用 120 伏特的电压。

电 灯 泡

谁发明了电灯泡？

第一个让金属丝发光的人是英国化学家汉弗莱·戴维爵士，他以 19 世纪初在电弧领域所做出的贡献闻名于世。他创造了第一盏电灯。他使电流通过一根极细的铂丝来制造光亮。戴维制造的光亮一点也不实用，甚至毫无用处，但是他的创造为其他研究电灯的人开拓了道路。

托马斯·爱迪生在电力照明领域取得了哪些进展？

尽管第一盏电灯不是他发明的，但第一盏实用的电灯是他创造的。爱迪生的灯泡能比同时代其他灯泡多亮几个小时。1878 年，爱迪生将碳丝放在一个真空密闭的玻璃容器中，从而制造出电灯泡。

托马斯·爱迪生在电学方面还做出过哪些贡献？

托马斯·爱迪生对于电学和电灯泡的使用做出了许多贡献，其中包括为电灯泡设计并联电路。如果灯泡以串联形式连接，那么每增加一个新的灯泡，每个灯泡的亮度就会变暗一些。在并联电路中，人们可以在电路中增加更多的灯泡而不会降低其他灯泡的亮度。

托马斯·爱迪生和他发明的电灯泡

第11章
磁和电磁学

磁

磁力是什么?

正如带电粒子之间存在电力,有质量的物体之间存在万有引力一样,磁极之间也存在着磁力。磁体的两极分别是北极和南极。孩子们在玩有磁性的玩具时就知道北极和南极相互吸引,而相同的磁极相互排斥。

磁体由材料(如铁)中微小且排列整齐的磁畴构成。磁畴是带电子的原子,每一个电子都有南极和北极,且都以相同的方向自旋。磁畴整齐排列,使物体具有磁性。换句话说,磁畴本身就是磁体,组合在一起形成更大的磁体。

另外,磁力也能由电产生。任何承载电流的导线周围都有磁场。磁场由导线中电子的均匀运动形成。因此,可以说产生磁力的关键是电子的均匀运动。

当一个磁体被切成两块时会怎样?

如果一个磁体被切成两块,磁体中的磁畴仍然是整齐排列的,因此就会形成两个磁体,每一个磁体都有自己的南极和北极。

物理学家一直在寻找磁单极子,即只有一个磁极的磁体。虽然关于这个问题存在一些争论,但是现在人们仍然在不懈地寻找这种磁体。

磁体是什么时候被发现的？

自从中国古代、古罗马和古希腊时期起，人们就意识到了磁力。在这些古代文明中，人们发现了含有铁矿石的磁石能够吸引其他磁石。

地球磁场和指南针

谁首先将磁体用作指南针？

法国人彼得鲁斯·佩雷格里努斯，也被叫作"朝圣者彼得"，在 1269 年出版了几本关于磁体用途与特性的科学著作。然而，在他进行研究之前，中国人早就已经将磁体用于导航了。

地球磁场指向什么方向？

从指南针可以看出，地球磁场呈南北方向排列。地球磁场从南极附近发出，平行于地面，延伸到北极附近。

指南针的北极指向北方吗？

当一个指南针自由旋转时，它会受到扭矩的作用并转动，因为它被相反的磁极所吸引。当我们看指南针时，我们说指南针的北极指向北方。然而，指南针的北极不可能被地球的北极所吸引，因为只有相反的磁极才会相互吸引。因此，实际上指向地球北极的是指南针的南极。换句话说，指南针的北极指向地球这个巨大磁体的南极，而指南针的南极指向地球的北极。

为什么地球会被磁化？

没有人能绝对确定地球磁场是如何产生的。一些科学家认为，地球内部的熔化的金属核心通过电荷的运动产生了磁场。

地球磁场一直保持稳定不变吗？

通过对地壳和海底沉积物中的铁矿石进行观察，地质学家推测，地球磁场在过去的 350 多万年里大约反转了 9 次，并且在几千年后，地球磁场的方位和强度可能还会发生变化。实际上，自从 1831 年以来，磁北极已经朝着地理北极移动了 800 多千米。

1492 年，哥伦布在横渡大西洋时发现了什么？

哥伦布发现，当他使用指南针时，指南针的北极似乎与星星指示的北方位置略有不同。在他横渡大西洋的过程中，他发现指南针的偏向一直有变化。哥伦布由此发现了磁偏角。

磁偏角是什么？

磁偏角是磁北极与地理北极之间的角度差。地球的自转轴指向地理北极。指南针指向的磁北极是不固定的，因此并不与地理北极重合。当时人们没有注意到这个细节是因为欧洲的任意两个地点之间的距离都很近。但对于哥伦布横渡大西洋这样长的距离，磁偏角就变得很明显。非常有趣的是，关于这一发现，哥伦布没有向他的船员透漏一点消息，因为他怕船员们会因为恐惧而放弃航行。

地球磁场对地球上的生命重要吗？

地球磁场对地球上的生命是非常重要的，因为地球磁场有助于偏转和反射有害的宇宙射线和太阳风；如果我们完全暴露在宇宙射线和太阳风中，其影响是毁灭性的。当磁场反转时，磁场几乎不存在。在过去，一些科学家认为磁场反转可能是恐龙灭绝的原因。

如何制作指南针？

指南针是一根磁针，被放在低摩擦的支点上。有时这根针被放在装有液体的容器中以避免针随意转动。磁针指向地球磁场的南北极，使用者通过观察指南针的针尖来确定方向。在指南针的容器上有 360° 的标记，用来表明方向与北方相差多少度。

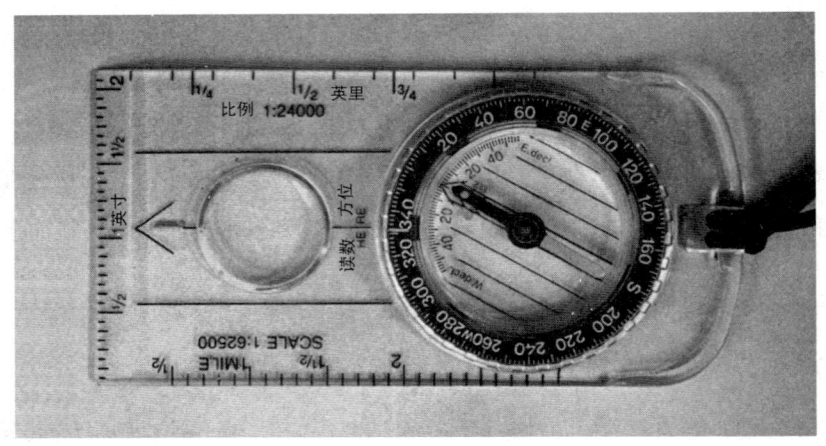

指南针

指南针指向北极和南极吗?

指南针指向地球磁极,而不是地球的地理两极。事实上,地理两极和磁极相距甚远。指南针感应到的磁北极位于加拿大东北部,而磁南极位于澳大利亚南海岸附近。地理两极则是地球自转轴所指的方向。

为什么指南针在指北的同时,有时会指向下方?

数百年来,使用指南针的航海者们注意到,指南针除了指向北方之外,有时还指向下方。这个几百年来未得到解释的现象,被一位名叫罗伯特·诺曼的指南针制作者解释清楚了。他发现飞机飞越两极时,指南针的一端会因为受飞机下方的磁极的吸引而指向下方。他试着通过将指南针垂直放置来解决这一问题。这个实验使他发明了磁倾针。

磁倾针是什么?

磁倾针和传统的指南针很相似,只不过它被垂直放置,而不是像传统指南针那样水平放置。和指南针一样,磁倾针是用于导航的磁针,但它主要用于在北极和南极附近航行时。磁倾针测量垂直磁偏角而不是水平磁偏角。在赤道上空时,地球磁场是与地球表面平行的。离两极越近,磁场就越垂直。因此,越接近两极,飞行员和海员就越少依赖指南针。

电 磁 学

人们是如何发现电和磁之间的关系的?

电与磁之间的密切关系完全是偶然被发现的,偶然中还带有一点尴尬。1819 年,丹麦物理学教授汉斯·克里斯蒂安·奥斯特在一个演讲中打算证明在电和磁之间没有任何关系。他在演讲时做了一个演示,将指南针放在通电的导线的旁边。然而令他失望的是,当他拿起指南针并将它举在导线上方时,指南针的指针指向了东西方向,这表明导线产生了自己的磁场。这确实使奥斯特很尴尬。

奥斯特的发现对科学界有什么影响?

导线里的移动电荷能产生磁场这一事实在科学界引发非常大的热情。一位名叫安德烈·马里·安培的法国物理学家和数学家以奥斯特的演示为基础做了一系列的试验,他的研究铺平了电磁学发展的道路。迈克尔·法拉第发现,如果在导线附近放一个磁体,那么这个磁体会引起电荷的流动。法拉第的发现证明了奥斯特的发现是可逆的——不但电流能产生磁场,磁场也能产生电流。

电和磁的联系与电磁波有什么关系?

电磁波(我们在“波”和“光和光学”两章中论述过)的研究依赖于奥斯特、安培和法拉第的那些发现。电磁波(包括无线电波、微波、可见光、X 射线等等)是由电荷振动产生的。振动的电荷形成振荡的磁场,磁场反过来产生电场。这些振动以两种相互垂直的横波的形式向外传播,一种是电场,另一种是磁场,合在一起被叫作电磁波。

电磁学的应用

电磁体为什么强大得甚至能吸起废弃的汽车?

电磁体是被包裹在带电导线中的铁芯(磁体的主要成分)。当电磁体中接通电流时,它会产生一个强大的磁场,这个磁场由于铁芯而更加强大。这样的磁场力量惊人,可以使人们轻而易举地将类似汽车这样的巨大金属物体从一个位置移动到另一个位置。

电视是如何利用电磁原理的？

电子使屏幕发光，形成图像，这就是我们看到的电视图像。为了在屏幕上产生可识别的图像，每个电子都需要被导向屏幕上的特定位置。为了实现这一点，电视机使用电磁体来使电子在显像管内部上下左右地移动。这些电磁体只不过是铜线圈，其中通过的电流量各不相同，这种变化改变了移动电子的磁偏转量。成千上万个偏转电子组合起来，形成了电视机屏幕上的画面。

扬声器使用电磁体吗？

扬声器的后面有一个覆盖着一圈电线的永磁体。这个被连接到扬声器锥体（振动的黑色纸状物体）上的磁体，根据通过电磁体里电线的电流的方向和强度前后移动，通过压缩和稀疏扬声器周围的空气分子产生声音。（参见"声和声学"一章。）

金属探测器的工作原理是什么？

常见的金属探测器内置电线圈，这些电线圈叫作螺线管，携带电流。无论什么时候，只要金属接近这些线圈，金属的磁性就会改变线圈中的电流，从而触发警报。

路口的交通信号灯是如何感知车辆的？

在美国，许多交通信号灯会感知到车辆接近而触发改变。其原理与金属探测器类似，在交叉路口汽车所停位置的马路下方也有电线圈。当有足够数量的金属（车辆）在线圈上方通过时，会导致电流的变化，电流的变化引起交通信号灯改变颜色。

磁悬浮列车是什么？

磁悬浮列车不同于传统列车，它利用电磁力将车厢抬离轨道，并沿着薄型磁轨向前推进。磁悬浮列车能加速到 500 千米／小时。德国和日本是这一领域的研究先驱。

磁悬浮列车有哪两种主要形式？

德国人研制了电磁体系统，它可以将火车底部抬离轨道 1.5 厘米。这个系统很难保持稳定，但被成功地应用于比较慢的通勤列车上。

对于磁悬浮技术，日本人使用了略有不同的方法。通过在火车车身下使用超导磁体，流过轨道里线圈的电流使列车悬浮在轨道上方 15 厘米处。这种类型的列车只有在速度超过 100 千米／小时的时候才能悬浮。否则，列车仍然需要依靠传统车轮行进。

发动机和发电机有什么区别？

无论是发动机还是发电机，其中的磁体和线圈都被用来把一种类型的能量转变成另一种类型的能量。

发动机利用电能产生机械能。使用发动机的设备将电流发送到磁场里的线圈中。磁场使线圈旋转，产生机械能。发动机能使风扇旋转，使吹风机吹出热气，或者使搅拌器的刀片转动起来。

发电机的工作原理与发动机正好相反：发动机把电能转化为机械能，而发电机把机械能转化为电能。当建筑物中的常规电源突然中断供电时，常常会使用应急备用发电机。发电机利用由燃油发动机产生的机械能，旋转磁场中的线圈，迫使电子流动以产生电流。

范艾伦辐射带

范艾伦辐射带是什么？

在地球磁场中，有两个特别的地带，来自太阳风和宇宙射线的电子和质子被完全限制在磁场线与地球大气层之间。带电粒子被地球磁场俘获，被困在叫作范艾伦辐射带的两个区域。这两个区域集中在赤道附近，越靠近两极越薄。这两个辐射带分别位于地球表面上方 3 200 千米和 16 000 千米。

为什么地球的南极和北极不存在范艾伦辐射带？

在赤道地区，地球磁场与地面平行，来自太阳风的电子和质子能被困在磁场线与大气层之间。然而，在两极地区，磁场与地面垂直，因此不能捕获电子和质

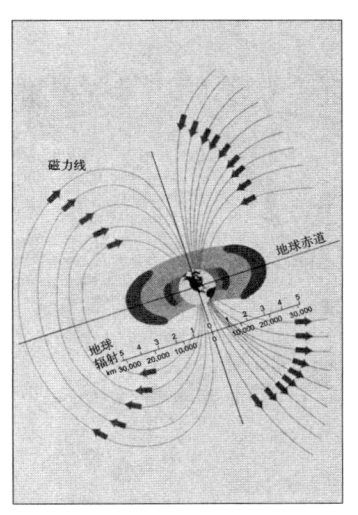

地球磁场产生的两个辐射带——范艾伦辐射带，以及地球磁力线的示意图

子。来自范艾伦辐射带的粒子到达两极地区后能穿过大气层，并产生叫作极光的自然奇观。

极光与范艾伦辐射带有什么关系？

当太阳发生大型太阳耀斑或者太阳风暴时，携带电子和质子的太阳风会轰击地球磁场。结果，地球磁场被轻微地压缩，有时使范艾伦辐射带中的电子和质子进入两极周围的高层大气中。通常在太阳耀斑期间，有更多来自太阳风的粒子，这些粒子往往具有更高的能量。这些带电粒子刺激大气层中的气体分子并产生可见光。这些光在夜空中形成灿烂美丽的光辉。

电 子 学

电子学是什么？

电子学是物理学的一个分支，研究电子和其他电荷载体的流动。电荷的流动就是众所周知的电流，电流通过的闭合路线叫作电路。电子学的研究对现代技术的发展和应用起到了十分重要的作用。

一般认为，电子学肇始的标志是什么？

1879 年，一位名叫威廉·克鲁克斯的英国物理学家设计了第一个原始的电子管，它是一个装有低压气体的玻璃管。在这个玻璃管内部有两个电极，由电子发出白光。克鲁克斯发现，这个管子产生的电子可以通过管子周围的磁场向上、向下、向左、向右移动。这个管子后来被称为阴极射线管，它将引导无线电、电视机和计算机的发明。

晶体管是什么？

在大多数电子设备中，小而便宜的晶体管取代了电子管的地位。第一个晶体管是在 1947 年由 3 位美国电子工程师发明的。晶体管是许多电路中最重要的元件之一，它控制电流流经电路的特定区域，起到放大器的作用。当多个晶体管连接到一起时，它们可以帮助电子计算机、计算器和其他电子设备存储信息。

半导体是什么？

半导体是一种能起到绝缘作用的材料，但如果施加几伏特（通常小于 10 伏特）的电压，它也可以起到导体的作用。半导体的性能是由电压决定的。类似锗和硅这样的半导体只具有很少的能在材料中自由流动的自由电子；这些材料被用在电子元件中，尤其是晶体管，可以改变电子的强度和流动。

集成电路是什么？

集成电路是计算机和其他电子设备的核心，它包含成千上万有时甚至是数百万个微型晶体管和其他电子元件。1958 年，两名美国电子工程师——杰克·基尔比和罗伯特·诺伊斯发明了集成电路。最初的集成电路被称为单片集成电路。由于技术发展迅速，自集成电路出现以来，每过几周它们就会变得更快、更小、更便宜。实际上，如今在计算器、手机和计算机中所用的集成电路仅仅过几个月就会被认为是缓慢而过时的。正是集成电路的不断更新和发展使得消费者很难跟上技术发展的脚步。

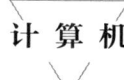

计 算 机

我的书桌上就有一台计算机……但计算机究竟是什么？

数字计算机是一种可编程的电子设备，它用极快的速度精确地处理数字和文字。

目前使用的计算机有多种形状和尺寸，从家用的台式微型计算机，到小型计算机、大型计算机和超级计算机。超级计算机是这些计算机中最强大的。美国国家航空航天局这样的机构就使用超级计算机。它每秒能处理上亿条指令。

数字计算机对社会产生了巨大的影响。它以各种不同的形式应用于各个领域：从宇宙飞船到工厂，从卫生保健系统到远程通信，从银行到家庭预算，各个领域都不能缺少计算机。

计算机是如何发展起来的？

数字计算机的发展史在很大程度上就是一部永无止境的探索节省人力的设备的历史。

它的起源可以追溯到 17 世纪之前的计算工具，甚至更早到古罗马商人用来计数的鹅卵石以及公元前 5 世纪的算盘。虽然这些早期的设备都不是自动的，但它们在一个由人力计算数字且错误频发的世界中非常有用。

到了 19 世纪初，随着工业革命的进行，数据中的错误引起了人们更大的关注。例如，错误的航海表会造成海难频繁发生。这种错误让英国天才数学家查尔斯·巴贝奇感到困扰。他坚信机器能比人类更快、更准确地进行数学计算。因此，巴贝奇在 1822 年制作了差分机这一小型模型。虽然差分机的算术功能有限，但它可以编译和打印数字表格，除了需要一只手转动模型顶部的把手外，无需更多的人力干预。虽然英国政府很重视，投资了 17 000 英镑用于建造大尺寸的差分机，但它并未建成——该项目因巴贝奇和他的员工之间的工资纠纷而停滞。

谁制造了第一台计算机？

1833 年，查尔斯·巴贝奇开始着手改良他的计算机——差分机。这是一种自动化可编程的机器，能够执行所有类型的算术功能。差分机具有现代计算机的所有基本部分：输入设备、存储器、中央处理器和打印机。巴贝奇使用穿孔卡片来实现输入和编程，这种想法借鉴了约瑟夫·雅卡尔 1801 年将穿孔卡片用于织布机的创意。

尽管差分机被载入史册，被视为现代计算机的原型，可是从未制造出完整的版本。阻碍因素是缺少资金以及当时技术远远落后于巴贝奇的设想。即便是制造出了完整版的差分机，考虑到它是由蒸汽机提供动力，而且完全是机械组件，它的运算速度也不会很快。巴贝奇在 1871 年逝世，在那之后不到 20 年，一位名叫赫尔曼·霍利里思的美国人使用了全新的技术——电。当时，他向美国政府提交了一份计划，提出制造一台用于人口普查的机器。霍利里思的电动机械设备只用了不到 6 周的时间就系统地计算出了美国 1890 年人口普查的结果，而美国 1880 年人口普查花费了 7 年多的时间才计算出结果。相比来说，这是一个巨大的进步。霍利里思后来创建了一个公司，即现在的国际商业机器公司。

哪台计算机被视为第一台电子计算机？

第二次世界大战是计算机发展到下一重要阶段的主要原因。由此出现了英国人制造的专门用于破译德军密码的电子计算机"巨人计算机"；在霍华德·艾肯的指导下，哈佛大学建造的巨型机电装置"马克1号";以及"埃尼阿克",它依然庞大无比,但由于它是完全的电子计算机,因此比"马克1号"更快。"埃尼阿克"是在约翰·莫希利和 J. 普雷斯伯·埃克脱的指导下,由宾夕法尼亚大学制造的,耗资 40 万美元。这台计算机使用了 1.8 万个电子管。如果将它的电子元件并排放置,每两个之间相隔 5 厘米,它们可以覆盖一个足球场。

谁在"埃尼阿克"的基础上做了改进?

理论上,"埃尼阿克"是一台通用计算机,但从一个程序切换到另一个程序时,必须将机器上一部分拆卸下来再重新进行连接。为了避免这道烦琐的工序,匈牙利裔美国人约翰·冯·诺伊曼提出了存储程序的概念——也就是说,采用与存储数据相同的方式编写程序并将其保存在计算机中以备将来使用。然后计算机能够根据指令更改程序,而且可以把程序编写得彼此交互。对于编码,诺伊曼提议使用二进制——0 和 1 ——而不是十进制的 0 到 9。因为 0 和 1 与电流的开或关的状态一致,能大大简化计算机的设计。

诺伊曼的概念体现在 1949 年英国制造的延迟存储自动电子计算机和宾夕法尼亚大学制造的离散变量自动电子计算机中。随后,20 世纪 50 年代的通用自动计算机和其他第一代计算机中也应用了这一概念。用如今的标准衡量,所有这些机器都是笨重而缓慢的庞然大物。从那时起,编程语言和电子产品(比如晶体管、集成电路以及微处理器)将计算机发展成了我们现在所知的模样——从超级计算机到体积越来越小的个人计算机。

微处理器的发展有多快?

微处理器技术的发展趋势是每 18 个月微处理器的速度就会变为原来的 2 倍。微处理器装的微型晶体管越来越多。同时,用来制造这些集成电路的材料和技术也在不断发展。

第 **12** 章
现代物理

物　质

🦠 物质是什么?

　　物质是任何占有一定空间并且具有质量的实物和场。物质与能量是有区别的,能量可以使物体运动产生变化,但能量本身并没有体积和质量。质量和能量相互影响,并且在一定的条件下有相似的表现,但在大部分情况下,这两者是相互独立的物理现象。然而根据爱因斯坦的公式 $E = mc^2$,质量和能量可以相互转换,公式中的 E 是能量,m 是质量,而 c 是真空中的恒定光速。

　　1804 年,英国科学家约翰·道尔顿系统地提出了原子论。原子论阐述了物质的基本属性,直到今天,人们仍然在使用原子论。根据原子论的描述,物质由非常小的被称为原子的粒子组成。原子不能被创造也不能被消灭。原子能按照不同的排列方式相互连接在一起,形成分子。同一类原子构成一种元素,不同的元素由不同的原子构成。

亚 原 子 粒 子

🦠 原子是由什么构成的?

　　尽管人们最初认为原子是不可再分的,但是后来发现它由三种粒子构成:前两种是带正电的质子和不带电的中子,它们几乎构成了原子的全部质量并组成了原子核。第三种是带负电的电子，电子质量非常小，并分布在原子核的外围。

亚原子粒子是什么？

亚原子粒子是比原子还小的粒子。在很长一段时间里，人们认为亚原子粒子包括电子、质子和中子。后来，亚原子粒子的定义被扩展了，它指所有比原子小的粒子。

基本粒子是不能被分割为更小微粒的粒子。基本粒子有两种形式。第一种基本粒子是构成物质的基本粒子。电子和夸克（夸克构成质子和中子）就是这种形式的基本粒子。重子和介子是夸克的结合体，它们是亚原子粒子，但不是基本粒子，常见的重子有质子和中子。第二种基本粒子是力的介质，这些介质粒子使物质相互影响。打个比方，两个男孩玩接球游戏，这两个男孩代表物质，正在玩的接球游戏代表基本力。在这个例子中，球代表的是介质粒子。

强子和轻子有什么区别？

最近，越来越多的物理学家发现了新的更小的亚原子粒子。为了对这些粒子进行分类、整理和简化，物理学家给亚原子粒子创建了"族"。

轻子族包含通过弱相互作用力和电磁力相互作用的粒子。这些微粒负责移动周围的粒子并使它们保持在一起。轻子族的成员有电子、电中微子、τ子、τ中微子、μ子、μ中微子，总共6种。

强子族的粒子通过强相互作用力相互作用。强子又被分为两种：介子和重子。与质子相类似，重子和介子彼此之间有很强的作用力，它们是所有物质的基本要素。

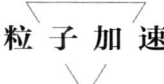

粒 子 加 速

物理学家是如何发现新的亚原子粒子的？

在瑞士的欧洲核子研究中心和美国伊利诺伊州的费密国家加速实验室中，科学家设计粒子加速器将电子、质子以及其他亚原子粒子加速到接近光速，使它们与其他粒子发生碰撞。在这样高能的碰撞后，物理学家研究碰撞结果。正是通过分析粒子碰撞的结果，物理学家发现了新的亚原子粒子。

20 世纪 20 年代，罗伯特·范德格喇夫设计出第一个粒子加速器。之后这种机器经历了很多改变和改进，粒子加速器变得越来越大也越来越有效，它为人们展示出更加广阔的亚原子领域。如今，最强大的粒子加速器包括欧洲核子研究中心的大型强子对撞机，还有美国费密国家加速实验室的太伏质子加速器，后者使科学家得以发现令人难以捉摸的顶夸克。

粒子是如何被加速到接近光速的？

粒子加速器利用巨大的磁体来吸引并加速粒子，这种速度可以达到普通人无法想象的程度。一些加速器利用了发射机的原理，它们增加粒子的能量，让粒子在撞到探测器之前达到人们期待的速度。

直线加速器是什么？

直线加速器是被加速粒子的运动轨道为直线的粒子加速器。当粒子被射入直线加速器中时，电子和质子流经的轨道中电荷改变，粒子沿着几千米长的轨道加速到获得足够的能量。物理学家分析和研究从碰撞中产生的粒子及其路线。最长、最强大的直线加速器在美国加利福尼亚州的斯坦福大学。人们专门设计这种加速器来将电子加速到具有极大的能量。

同步回旋加速器与直线加速器有什么区别？

同步回旋加速器目的与直线加速器相同。但是与直线加速器沿直线加速粒子不同，同步回旋加速器利用巨大的磁体沿着环形轨道反复加速粒子。当粒子的速度足够快时，物理学家将粒子送到阴极，在这里他们能观察到粒子的毁灭并有可能发现新的基本粒子。同步回旋加速器的例子之一是美国芝加哥郊区的费密国家加速实验室的太伏质子加速器。

美国在得克萨斯州的华兹堡小镇建造超高能超导对撞机时遇到了什么情况？

预计在 1999 年完成的超导超级对撞机（SSC）的制造工程在 1994 年被美国政府终止了。尽管当时这个对撞机已经完成了将近 20%，但为了缩减不断增加的国家财政赤字，美国国会在该对撞机的预计花费从 80 亿美元逐步上升到 100 亿美元后，终止了这个对撞机的建造。

20 世纪 80 年代后期到 90 年代，关于得克萨斯州的超导超级对撞机的制造以及后来的终止一直是热门争论话题。不考虑这些争论，超导超级对撞机远远优于当时任何一种粒子加速器。这个周长 87 千米的加速器能加速质子使它们每秒相互碰撞 5 000 万次。优于其他加速器的另一个长处是它的磁场比美国费密国家加速实验室的太伏质子加速器还要强 50%。这一重要的改进能够帮助物理学家在粒子物理学领域取得重大突破，物理学家可以展示在宇宙大爆炸之后的几毫秒时间里发生了什么，这使得物理学家能够对大统一理论的对称性做更深入的研究。

夸 克

夸克是什么？

夸克是组成所有物质的基本要素。截至 20 世纪 50 年代，许多物理学家认为物质的基本要素是质子、中子和电子。这一概念在 1964 年发生了改变，当时两位美国物理学家默里·盖尔曼和乔治·茨威格分别提出了理论，认为质子和中子是由比它们小得多的粒子构成的。他们发现宇宙中最基本的粒子是夸克（这个名字来源于詹姆斯·乔伊斯的小说），而夸克可以分为 3 种类型：上夸克、下夸克和奇夸克。他们确定这 3 种夸克是原子核中质子的基本要素。

后来，在亚原子粒子理论中所取得的成就激励粒子物理学家找到了第四种、第五种以及第六种夸克。通过粒子加速器中亚原子粒子的碰撞以及观察这种高能碰撞产生的结果，人们已经证明了这三种夸克是存在的。

夸克是如何分类的？

6 种夸克被分成 3 组，每组 2 种：上夸克和下夸克、奇夸克和粲夸克、顶夸克和底夸克。另外，每种夸克具有一个叫作"色"的属性，分别是红、绿、蓝（反夸克则是反红、反绿、反蓝）。"色"这个名字与我们看到的颜色没有任何关系，它只是某个具有幽默古怪念头的人起的名字。夸克的电荷值是基本电荷的 2/3 或−1/3，反夸克与对应的夸克电荷相反。3 个夸克构成重子，2 个夸克构成介子。

🔬 顶夸克是什么?

到 1977 年为止,人们发现了 5 种夸克。将近 20 年之后,在美国伊利诺伊州的费密国家加速实验室,一群物理学家在他们的太伏质子加速器中实施了一系列的粒子碰撞。太伏质子加速器是世界上最强大的粒子加速器之一,它将质子与反质子彼此相向加速到接近光速。费密国家加速实验室的科学家们认为他们可能永远都找不到顶夸克,因为顶夸克可能在 10 亿次碰撞中只出现 1 次,而且持续的时间不超过十亿分之一秒。

1995 年 3 月 2 日,人们终于找到了顶夸克。费密国家加速实验室的科学家们用了近一年的时间来完成这项任务,就时间上来说,这远远超过了寻找其他亚原子粒子所花费的时间。顶夸克的发现可能是物理学界近年来的发现中意义最重大的一个,该发现为科学家提供了更多的关于宇宙物质基本构成的线索。

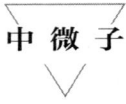

中 微 子

参见"深层理论"一章。

🔬 中微子是什么?

物理学家先假设了一种理论上的粒子,叫作中微子,是在放射元素的 β 衰变期间射出的粒子。β 衰变涉及中子衰变成质子和电子,需要假设一个中微子来保持能量守恒。许多年来,科学家想知道这种被叫作中微子的粒子到底是什么。中微子不带电荷,因此很难被探测到。直到人们建立了巨大的地下容器才探测到了难以捉摸的中微子。

🔬 为什么要建立地下容器来捕获中微子?

中微子是 β 衰变的附带结果,它不带电荷,并且质量未知。实际上,证明中微子的存在是极其困难的。科学家认为每秒有数万亿个中微子穿过我们的身体,但是它们对我们没有任何伤害。将探测容器建在地下的原因是这样中微子就不会被错认为宇宙射线,因为中微子能穿过地面而宇宙射线不能。对中微子的研究是相当重要的，因为许多科学家认为宇宙90%以上是由中微子构成的。目前，科学家探测到中微子的数量远远没有预计的那么多，令他们惊喜的是从1987A超新星中射出的数个中微子轰击了地球和地下容器长达数秒。

其他亚原子粒子

胶子是什么？

胶子实际上就像它们的名字一样：它们是与夸克"胶合"在一起的亚原子粒子。当夸克在质子或者中子中紧紧地挤在一起时，有非常强的排斥力。如果不是胶子使原子核保持不散，原子可能会碎裂。

正电子是什么？

1929年由保罗·狄拉克命名的正电子是一种亚原子粒子。人们首先在数学计算中预言了它的存在，1932年真的发现了正电子。正电子是电子的反粒子，它的质量与电子相同，电荷与电子相反。

反物质是什么？

保罗·狄拉克在一系列方程中预言了反物质的存在。他尝试将相对论与影响电子特性的方程结合到一起。为了使他的方程成立，他不得不预测存在一种与电子相似却具有相反电荷的粒子。人们在1932年发现了这种粒子，这种电子的反粒子叫作正电子。其他反粒子直到1955年才又有所发现，当时的粒子加速器最终证实反中子和反质子的存在。反物质由反粒子构成。

量 子 物 理 学

量子物理学是什么？

量子物理学也叫量子力学，是一种为电子和原子等粒子的特性提供解释的理论。它并不仅仅被用来计算（比如说，计算电子可能在哪里），量子物理学还采用了一种全新的思考微观粒子的方法，这种方法与我们思考肉眼可见的（即大得多的）物体的方法是不同的。

棒球是一个肉眼可见物体的例子。当我们抛出一个棒球时，描述棒球运动的最准确的方法是通过运用"经典力学"（或者"经典物理学"）。经典力学能够预测棒球在飞行期间每一时刻的方位和速度。这种方法与我们每天的经历相符，因为我们习惯看到球按照明确的路线运动。

当我们试着将这种经典的方法用于微观物体时，问题出现了。如果电子只是一个特殊的小球，那么它的运动应该沿着一条经典力学所预测的路线行进。然而，实验显示事实并不是这样的，因此我们需要使用一个新的物理学方法来处理微观粒子的问题。

在 20 世纪初，量子物理学出现了。马克斯·普朗克、阿尔伯特·爱因斯坦和尼尔斯·玻尔为量子物理学的建立做出了巨大的贡献。

量子物理学尽管是相对较新的理论，却非常成功地解释了很多现象，比如电在物质中是如何运动的，电是如何流过个人计算机的集成电路的。量子物理学也被用来理解超导性、核衰变以及激光的工作原理，除此以外还有很多功能。现在许多科学家每天都在尝试使用量子物理学来更好地理解宇宙中的微观物质的特性。然而，这个理论的基本概念一直与我们每天的经历相冲突，使用这个理论的物理学家和化学家还在争论这个理论的含义。

🎇 量子是什么？

量子是一个不可分割的基本个体。光以光子的形式传播叫作光的量子。在 19 世纪末 20 世纪初，马克斯·普朗克确定了光所具有的能量与它的频率之间的关系。他通过数学计算发现，光的能量与它在电磁波谱中的频率成正比。

🎇 阿尔伯特·爱因斯坦为什么获得了诺贝尔物理学奖？

爱因斯坦并不是因为他的狭义相对论和广义相对论，而是因为他在光电效应方面的工作获得了诺贝尔奖。光电效应能更好地证实普朗克提出的光的量子理论。爱因斯坦相信光量子的表现与粒子相似。他发现如果击中金属表面的光具有足够的能量，电子就会从这种感光的金属表面射出。他后来又补充说，并不是光的强度决定电子能否从物质中被释放出来，起决定作用的是特殊频率的光的能量。

光敏元件与光电效应有什么关系？

光电效应最好的应用之一是光敏元件。许多光敏元件使用感光的光电管，光电管通过感光金属吸收光，然后将吸收到的光转换成电路中的电脉冲。这样的电路现已应用于智能车库门禁、照相机曝光表和电影的光学声道中。

爱因斯坦认为光具有类似粒子的特性，那么粒子会具有与波类似的特性吗？

粒子确实具有与波类似的特性。法国物理学家路易·德布罗意在1923年发现粒子表现出与波类似的特性。他从理论上说明，当电子从狭长的裂口射出时，没有什么方法来预测这个电子的路线和方向。当足够多的电子穿过这个狭长的裂口时，一个类似于波的衍射图像会出现在裂口后。路易·德布罗意根据光与波类似的特性提出了德布罗意物质波理论，这使他获得了诺贝尔奖。他还根据这个理论发明了电子显微镜。

测不准原理是什么？

德布罗意认识到，单个电子的路线是不确定的。他认为，既然传统物理学不能预测电子的路线，那么就必须使用依赖可能性和随机性的量子物理学。德布罗意使用的随机性原理目前已经被发展为众所周知的"海森伯测不准原理"。爱因斯坦对科学依赖可能性的想法感到非常不安，他在回应测不准原理时说："上帝不会掷骰子。"

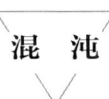

混　沌

作为科学概念的混沌是什么？

混沌是确定性动力学系统因对初值敏感而表现出的不可预测的、类似随机性的运动。

美国麻省理工学院的气象学家爱德华·洛伦茨提出了一个著名的理论："如果一只蝴蝶在巴西拍一下翅膀……最后可能引发美国得克萨斯的龙卷风。"这是混沌的要点：在这里我们不能预测会发生什么，因为即使是微小的因素，它与其他因素结合在一起也完全有可能产生巨大的效应。

混沌系统有哪些例子？

天气是一个混沌系统。天气预报员的工作是有一定难度的，因为他们试图在混沌中得出一定的规律，从而预测天气。另外，太阳系是混沌系统的一个不太明显的例子。尽管人们可以追踪太阳系中行星的运动，但是太阳系中小规模的变化也可能引起1亿年后的巨大变化。类似太阳系这样的混沌系统，人们只能预测它们在有限时间内的变化。

激 光

受激发射是什么意思？

电子从高能态转变到低能态时，能量形成光子，从原子中发射出来。当光子撞击原子时，原子中的一个电子跃迁到低能态并射出一个光子。最终，两个光子从原子中射出。这两个光子是撞击原子的光子和撞击后电子能级下降时射出的光子。

只有在一个光子射向一个原子，生成另一个光子才叫受激发射。同步的重复发射光子的过程是产生激光所必需的。

激光器是什么？

激光器是一种设备，它通过降低电子的能级使它们射出光子来产生纯净的聚合光。这种重复的发射光子的过程产生了激光。电子管内的光子在受镀银镜来回反射时被激发到高能态，这被称为光放大。单频高能光从电子管一端未完全镀银的表面发射出来，形成一束极细的光。这束光不会发散，因为从电子管中射出的光子全是完全垂直于镀银镜面的光子。

🧬 激光器有什么用？

当人们刚刚发明激光器时，它被称为"寻找问题的解决方案"，因为人们当时并没有找到非常好的应用方式。而现在情况完全不同，激光器几乎在科学和技术的各个方面都起到了重要的作用。在科学，特别是物理学领域，激光器被应用于触发机制或触发开关中，它可以被用来作为测量时间和距离的工具，还可以用来生成全息照片。在工业上，激光器被用来钻孔、切割以及将设备与电子元件熔接在一起。军队也可将激光器应用在制导、防御以及核武器系统中。在通信和医学领域，激光器对人类也有不可小觑的作用。

🧬 激光器能够帮助治疗疾病吗？

激光器发出的高强度、高度集中的光对医学治疗有巨大的帮助。激光器可以杀死皮肤癌细胞、连接视网膜、消除胎记和痣，甚至可以消除身体内部的肿瘤。医学激光器技术一直处于医学技术的最前沿。例如，科学家和医生正在不断研究一个利用激光器清除血管斑块和其他有害沉积物的新方法。激光器也普遍用于矫正近视和远视：专门的氩激光器被用于为眼角膜定型，以此使光精确地聚焦在视网膜上。以上所述的这些激光器的应用手段都非常激动人心，但这仅仅是医学激光技术的开始。

正在接受激光手术的癌症患者

🧬 激光器是如何被应用于通信领域的？

就像激光器被广泛地应用于医学领域一样，激光器在通信领域也发挥着重要作用。例如，在光纤电缆中的脉冲激光信号可以瞬时传播成千上万的电话信号和电视信号，这远远多于其他任何形式的通信媒介物传送的信号。计算机通过激光光纤电缆传送信息，该技术在使信息传送得更快的同时，还会防止常规系统出现电子元件过热的问题。

　　激光唱片也利用激光器来读写信息。激光器对准有凸起和凹陷的信息层，信息层中大约 4 万个凸起和凹陷相结合能够存储 1 比特信息。实际上激光器读写的信息只有两种可能，一个凸起被赋予一个 1 值，一个凹陷被赋予一个 0 值，1 和 0 的组合可以转换成人能理解的信息。

▎激光唱片利用激光器录制和播放音乐。

🦠 全息照片是如何利用激光器储存信息的？

　　全息图看起来像是被保存在二维内的三维图像。它们常常被用在信用卡上，因为复制它们是非常困难的，这种技术能用来防止伪造者制造假的信用卡。全息照片是由激光束生成的，激光束反射物体的不同部分并记录在一种特殊的摄影胶片上，摄影胶片记录来自两个或以上光源的干扰波阵面。当记录下正确图像，重建原来的波阵面时，就可以看到物体的全息图了。

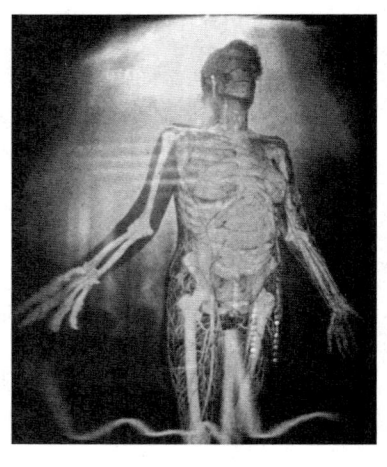

▎利用激光束产生的全息照片

放 射 现 象

什么作用力阻止原子中的亚原子粒子分离？

尽管质子和中子有质量并受到引力的影响，但将这些粒子束缚在一起的并不是引力，而是一种被称为"强相互作用力"的力。这种作用力仅对亚原子粒子起作用，并且当两个粒子距离大于 10^{-15} 米时，它就失去了吸引的能力。

分离一个原子核需要多大能量？

冲破原子核中质子和中子之间的力所需的能量总合称为结合能。原子核越强、越稳定，所需的结合能越大。爱因斯坦的公式 $E = mc^2$ 表明了打破原子核强大吸引力所需能量的数量。如果你准备了一组自由的质子和中子并对它们进行称量，然后把它们聚集成一个原子核并再一次进行称量，你将会发现这个原子核比那组自由的质子和中子轻。原子核的结合能等于原子核的质量与构成它的质子和中子之间的质量差乘以光速的平方。如果你想要分离原子核，那么你不得不做同样大的功来把它变回质子和中子。

有哪几种射线？

有几种不同类型的射线，根据环境和暴露程度的不同，它们既可以是有益的，也可以是有害的。第一种主要的射线是 α 射线，由 α 粒子组成。α 粒子本质上是一个带正电荷的氦原子，由 2 个质子和 2 个中子构成。α 粒子很难穿透大部分物质——事实上，一张很薄的纸就可以阻挡 α 粒子。

第二种众所周知的射线是 β 射线，由 β 粒子构成。原子核里的中子衰变为质子时释放出电子，这种高能电子称为 β 粒子。带负电荷的 β 粒子比 α 粒子运动的距离更远，一直持续到它与原子和电子碰撞后失去能量为止。β 粒子比 α 粒子穿透力更强，它能穿透纸和其他类似的物质，但可以被一张铝片阻挡住。

最后，所有射线中最危险的是 γ 射线。γ 射线是不可见光和光子的一种形式，在电磁波谱上，它的频率极高。它是当原子核从高能态跃迁到低能态时形成的。γ 射线具有极高的频率和能量，几乎能穿透任何物质。然而，铅具有良好的吸收性能，可以有效地阻挡 γ 射线。

🎇 辐射是什么?

具有放射性的原子（比如说铀或钍）在衰变的过程中产生了两种或以上射线时，就产生了辐射。射线可以自然地形成（比如在环绕我们的空气中形成），也能在核反应堆中人为地形成。许多人惧怕放射性物质，因为如果人类的细胞过度地暴露在辐射中，电离效应对人有害。然而，放射现象在某种程度上对人类是有益的，它可以帮助治疗几种疾病。

🎇 谁发现了放射性衰变?

1896 年，安托万·亨利·贝克勒耳用铀的化合物进行实验时，他发现它们自发地释放出射线，射线的强度取决于实验中使用的铀的数量。

🎇 玛丽·居里在放射现象方面有什么重大发现?

玛丽·居里和她的丈夫皮埃尔·居里首次把原子核的衰变称为"放射现象"。在贝克勒耳之后，这对夫妻又发现了 40 多种放射性元素。1903 年，玛丽·居里、皮埃尔·居里和贝克勒耳因为他们在放射性领域的研究和突破分享了当年的诺贝尔物理学奖。

🎇 居里家族还有谁获得了诺贝尔奖?

玛丽·居里有一个女儿也成为科学家。1935 年，伊雷娜·居里和她的丈夫弗雷德里克·约里奥–居里因为人工合成放射性元素而获得了诺贝尔化学奖。

🎇 半衰期是什么?

半衰期表示衰变进行的速度有多快。

玛丽·居里（左）和她的女儿伊雷娜·居里都是获得过诺贝尔奖的科学家。

特别需要指出的是，半衰期是正在衰变的物质减少到原始量一半时所用的时间。衰变越快，耗尽一半物质所需的时间就越短，半衰期也就越短。

　　放射性元素的半衰期是测量放射性物质的原子核有半数发生衰变需要的时间。根据放射性物质的不同，半数原子核衰变的时间能够从不到 1 秒到上千年乃至上亿年。例如，钋-215 的半衰期只有 0.001 8 秒，而铟-115 的半衰期长达 4.41×10^{14} 年。

🔬 如何使用放射测定物体的年代？

　　考古学家和人类学家利用碳-14 的半衰期来帮助测定物体的年代。通过分析考古学样品中的碳-14 释放出的 β 粒子量，并和新的碳-14 辐射量做比较，科学家能够测定该物品的大概时期。例如，由于碳-14 的半衰期是 5 730 年，如果从古老的美洲原住民定居地挖掘出的骨骼制品的碳-14 辐射量达到新的碳-14 的辐射量的 25%，那么该制品的年代大约在 11 460 年前。

🔬 如何探测放射性物质？

　　人们通过放射性物质的电离作用探测放射性物质。探测放射性物质最常使用的工具是盖格计数器，它包括一个装满气体的圆柱形金属电子管。当高能放射性粒子接触管内气体时，气体电离并释放出电子，盖格计数器上显示出探测到的放射性物质的量。其他探测放射性物质的仪器有闪烁计数器、半导体探测器和电离室。

🔬 辐射对人有什么影响？

　　当射线使你的细胞里的物质电离时，确实会对你的身体造成损害。如果辐射粒子穿过细胞，细胞中的脱氧核糖核酸（DNA）被电离，细胞就可能变异为癌细胞。不过，如果辐射粒子穿过细胞，而细

▌ 使用盖格计数器探测放射物

胞里没有重要的东西受到影响，那么细胞受到的损伤是微不足道的。辐射粒子也能将很多自由原子团引入细胞，改变细胞的化学性质，这就可以带来更多好的效果。

正常环境的辐射水平不足以对人类造成伤害。然而，经证明，过度暴露在辐射中（如 γ 射线和 β 射线）是十分危险的。γ 射线比 β 射线更危险，因为人们很难阻挡 γ 射线，并且它对人体的器官和组织都会造成更大的影响。在辐射强度较高的地方工作的人患癌症的概率更高。对于在这种地方工作的孕妇来说，她们所生的孩子患有先天缺陷的危险性更高。

辐射在一些方面也能帮助我们。一些癌症患者通过放射疗法来治疗癌症。尽管辐射对患者有害，但是它能杀死某些癌细胞，减轻病症。当癌细胞暴露在射线下时，它比正常的细胞更容易死亡。带电粒子（比如质子）构成的射线还有一点好处，射线在路径的末端完成损害后，粒子才会停下来。这样，用射线击中肿瘤，在路径中，它造成损害很小，但是在肿瘤处造成的损害却很大。你可以在不同的路径上发射多束射线进行治疗，辐射最终都相交在肿瘤处；每束射线都对肿瘤造成了一定的损害，但在辐射路径上的细胞并没有受到辐射伤害。目前很多治疗方式都采用不同路径的射线交汇的方式。

核 物 理

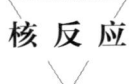

核 反 应

核反应是什么？

简单地说，核反应是原子核之间或原子核与其他粒子之间的相互作用引起的变化。核反应不仅是核电站和核武器的能量来源，也是星星发光的能量来源，所以核反应是天体物理学研究的关键。

有哪两种类型的核反应？

核裂变和核聚变是核反应的两种类型。核裂变是把一个重核分裂成两个或以上较轻的原子核，核裂变能形成链式反应。核聚变是与核裂变完全相反的核反应。核裂变是分裂原子，而核聚变是将一个轻核与另一个轻核结合在一起形成新的原子核，这个过程可以产生能量。在核聚变后，因为一部分粒子的质量被转化为核能，所以原子的质量变得更小。迄今为止，所有的核电厂都是使用核裂变来产生核能，科学家仍在研究控制持续的核聚变反应的有效方法。

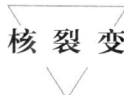

核 裂 变

恩里科·费密是谁？

核裂变最初是德国柏林的莉泽·迈特纳和奥多·哈恩观察到的。直到 1942 年，恩里科·费密在芝加哥大学进行了一系列的试验后才建成了第一座可控的核裂变链式反应堆。1942 年 12 月 2 日，费密，这位在第二次世界大战前移居到美国的意大利物理学家，成为第一个实现可控核裂变反应的人。费密在美国新墨西哥州的洛斯阿拉莫斯国家实验室工作，他对核反应的贡献促成美国研制出原子弹。尽管费密一生中不断地研究核裂变，但是他和其他许多科学家都认为不应该在战争中使用核武器。

恩里科·费密

为什么有人赞成核裂变发电?

第二次世界大战后,许多人认为核裂变将是一个新的充裕的电力来源。事实上,仅 1 克铀-235 就能生成 1.8 万千瓦时的能量。核裂变也能避免由煤炭、天然气、石油和木头等其他资源引起的很多污染。核裂变不仅能生成惊人数量的能量,而且,在不使用更多能量的前提下,核裂变能通过链式反应持续发生反应。

为什么有人反对核裂变发电?

许多人惧怕核裂变,原因可能是核裂变有可能产生放射性废物。如今已对核电站的核裂变采取了严格的安全措施,这种恐惧是没有必要的。三里岛和切尔诺贝利核事故带来了恐慌,尽管三里岛核事故得到了适当的控制,但是切尔诺贝利核事故导致了大量放射性物质外泄到周围地区。

链式反应是什么?

链式反应是连续不断重复发生的一连串反应。核电站的核裂变中,当一个中子碰撞铀-235 原子时,就开始了核裂变的链式反应,它把 1 个铀-235 原子分裂成 2 个其他原子和 3 个中子。生成的中子碰撞另一个铀-235 原子,使得这样的反应反复发生。链式反应只有在没有足够剩余的铀原子的情况下才会自发停下来。

达到临界质量是什么意思?

链式反应中,一个核裂变引起一个或更多的核裂变。如果核裂变反应中材料的质量能导致下一个核裂变反应,那么它就达到了临界质量,反应将继续进行。如果在核裂变反应中,材料的质量过小,那么产生的中子的平均量会小于消失的中子的平均量,此时处于次临界状态,反应不久就将终止。如果产生的中子多于消失的中子,反应就达到了超临界状态。

得到铀-235 有一定难度吗?

尽管对于一些国家和机构来说找到铀并不困难,但是把铀-235 从更丰裕的铀-238 中分离出来却是特别困难的。为了获得铀-235,需要炸毁和压碎数吨铀,然后用化学方法提纯,而铀-235 的含量还不到 1%。

🎇 重水反应堆和轻水反应堆有什么区别?

能够使用浓缩铀-235 的国家及核电站可以使用纯净水作为核反应的冷却剂,这种反应堆被称为轻水反应堆。那些无法使用浓缩铀-235 的国家及核电站不得不使用重水作为冷却剂,这种反应堆被称为重水反应堆。

🎇 除了铀以外,其他的元素能被应用到核裂变反应中吗?

还有另外一种能核裂变的元素被应用到发电站和核武器中,那就是钚,它来源于铀-238 原子的 β 衰变。当钚原子被中子击中时,能形成核裂变的链式反应。从铀-238 提炼出钚被称为增殖,发生在特殊的增殖反应堆里。与铀不同的是,钚是一种极危险的剧毒的放射性元素,使用时必须极度小心。

🎇 为什么说切尔诺贝利核事故是非战争时期最具破坏性的核事故?

1986 年 4 月 26 日凌晨,苏联乌克兰的切尔诺贝利核电站一个核反应堆的冷却系统出现了故障,该故障引发了爆炸和火灾,致使一个反应堆的核心部分被严重熔毁。苏联科学家未采用安全措施切断电力,相反,他们认为需要加大反应堆的量,因此使用增加电力的方法。和三里岛核事故不同的是,切尔诺贝利核电站反应堆周围没有厚层的混凝

在切尔诺贝利核电站爆炸 10 周年纪念日的游行中,一个反对核电站的游行者穿着骷髅服。

土，由过热的炉心产生的大量蒸气把反应堆外围 1 000 多吨的铁制屋顶烧出一个洞，使得几吨的放射性物质泄漏到邻近的土地和大气层中。

在爆炸之后的几周内，整个欧洲大气层都布满带有放射性物质的云朵，欧洲西部和中部以及斯堪的纳维亚的许多国家都和苏联一样，下起了带有污染的雨。爆炸和泄漏在空气中的大量放射性物质造成的直接死亡人数达到 31 人，而在事故后的数天里，苏联和其他欧洲国家有无数人被迫暴露在高强度辐射中。

在美国宾夕法尼亚州的三里岛发生了什么事故？

1979 年 3 月 23 日在宾夕法尼亚州哈里斯堡的三里岛发生的核电站事故是冷却剂泵损坏造成的——原子炉中缺乏冷冻剂，导致控制棒（控制棒的作用是控制核裂变反应）熔化。尽管堆芯损毁，但是巨大的混凝土墙阻挡了大部分放射性物质，使之无法逃逸到空气中。

1979 年 3 月 23 日的事故后，政府关闭了三里岛核电站。图中一位宾夕法尼亚州警察和核电站保安人员站在核电站外。

$E = mc^2$ 是什么意思？

阿尔伯特·爱因斯坦最著名的发现之一是能量和质量在本质上是相同的，只是形式不同。比如，你手中这本静止的书事实上储存着能量的一种形式，被称为静能。书的质量能够完全被转化为能量，而且能形成大量能量。

在爱因斯坦的狭义相对论中，他提出了 $E = mc^2$ 这一质能方程，其中 E 是能量，m 是质量，c 是真空中的恒定光速。这个公式使物理学家能够计算出产生一定的能量需要多少质量（如果所有的质量都能被完全转化为能量的话）。我们可以用汽车为例解释这个概念。汽车使用的燃料有质量。经过化学反应，一些燃料转化成同样具有质量的尾气。然而，在燃烧燃料的过程中，产生了一些能量——在燃烧燃料之前这些能量并不存在。这些能量实际上来源于燃料。燃料质量的很小一部分被转化为能量。事实上，尾气质量比消耗的燃料质量稍微小些，因为一些燃料质量被转化为可用的能量。在核反应中同样如此，质量生成能量。

核 聚 变

什么能量使太阳发光？

使太阳和所有其他恒星发光的能量是通过核聚变产生的。核聚变反应中，两个原子核结合，在结合过程中释放大量的能量。两个较轻的原子核结合成一个较重的原子核时，最终合成的原子核总是比最初的两个原子核的质量之和小。这是因为在核聚变过程中，一些质量被转化为能量。

核聚变的前景如何？

核聚变也许是能长期为我们提供能量的唯一方法。在未来，核聚变发电站将会十分安全，避免放射性废物的侵害并且无污染。人们将很容易得到核聚变的材料，因为它存在于在全世界范围。核聚变反应比任何其他形式产生能量的效率都更高。

人类是如何促使核聚变发生的？

为了促成核聚变反应，必须剥离原子中的电子，并让两个原子核高速运动，相互碰撞。为了防止带正电的原子核相互排斥，物质的温度要升高到太阳温度的几倍——温度高到物质不处于气态，而是变成了等离子态。当核聚变时，原子核释放出大量的能量，所以结果的质量比刚开始的质量小。如今，核聚变最主要的问题之一是一些等离子体不容易控制。

🏵 在核聚变反应中，有哪些方法可以控制等离子体？

在核聚变反应中有 3 种方法可以控制等离子体。第一种方法是用一个强磁场来保护反应堆里的材料并且预防泄漏。第二种方法是惯性约束，通过用多束激光瞄准反应室内的目标射击的方法来控制等离子体，比如美国国家点火装置。第三种方法是使用引力，但是能够利用此方法的"反应堆"不是人工的，迄今为止只有恒星能用这种方法控制等离子体。

🏵 托卡马克是什么？

可控核聚变的发展一直是一项艰巨的任务。目前最有希望的技术被称为托卡马克。20 世纪 50 年代，苏联物理学家列夫·阿尔齐莫维奇的研究大大推进了这项技术的发展。"托卡马克"（Tokamak）是环形（toroida）、真空室（kamera）、磁（magnit）、线圈（kotushka）的缩写。在托卡马克中有一个圆形线圈，这是一个中空的环形轮廓，通电时产生巨大磁场。原子核被放置在磁场中间。磁场将等离子体束缚在线圈内。

位于美国新泽西州普莱恩菲尔德的普林斯顿等离子体物理实验室的托卡马克核聚变测试反应堆

🏵 美国国家点火装置是什么？

劳伦斯·利弗莫尔天文台的美国国家点火装置是世界上最强大的激光约束核聚变装

置。它可以将192束激光聚焦在一点，创造核聚变反应。人们期望这一装置能帮助物理学家在核能研究方面取得突破。

既然实现可控核聚变的主要障碍是控制等离子体，那么有可能实现冷核聚变吗？

1989年3月，科学家斯坦利·庞斯和马丁·弗莱施曼宣称他们可以实现冷核聚变时，他们几乎一夜成名。冷核聚变能够解决等离子体控制这个问题，并能节省大量金钱。而且，理论上，这种技术可以给世界提供无限的能量。尽管他们的发现听起来不错，但科学家不能再现这种冷核聚变。这两位科学家获得的声望和赞美很快就变成了丑闻。

人类什么时候能从核聚变中受益？

尽管核聚变能产生无限的能量，但是从经济学角度来说，加热原子使之成为等离子体的高成本，导致人类不会利用核聚变来发电。然而，许多科学家认为，在未来的几十年里，人类将有能力用核聚变为广阔领域提供能量。有些科学家还认为，在未来不到100年的时间里，人类会用完世界上所有普通的能量来源，这也促使人们去发现并使用新的能源。人们投入无数的时间和金钱研究实现核聚变的新方法。最终，科学界一定会探索出可行的方法。

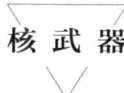

核 武 器

"原子弹之父"是谁？

著名的德裔美国物理学家阿尔伯特·爱因斯坦晚年居住在美国新泽西州普林斯顿的一个安静的城镇。许多人称他为"原子弹之父"。爱因斯坦提出 $E = mc^2$ 这个公式，阐述了质量和能量是同一事物的两种不同的表现形式。这是制造原子弹所需的最基本理论。爱因斯坦还签署了一封给美国总统富兰克林·罗斯福的信（这封信实际上由利奥·西拉德执笔），信中对原子弹进行了描述，并鼓励美国为这个前景而努力。许多物理学家和历史学家认为爱因斯坦签署这封信是为了让美国在技术上赶上德国纳粹，因为当时德国正在研发核武器。

爱因斯坦对事物充满好奇、才华横溢而又爱好和平,他知道人们称他为"原子弹之父"。其实对于人们给他的这个称谓,他一直觉得愧疚。事实上,一些历史学家说(此事真实与否有些争论),爱因斯坦曾给美国总统杜鲁门写信,请求不要往日本投放原子弹,而只是将它作为逼迫日本投降的一种手段。如果这是事实的话,可以看出他的努力白费了。

🔬 曼哈顿计划是什么?

第二次世界大战期间,美国政府很久没有对爱因斯坦和其他科学家所写的那封强烈要求研发原子弹的信做出回应。直到 1942 年,人们所期待的工程诞生了:罗斯福总统批准了制造原子弹的计划。美国陆军工程兵团用"曼哈顿"命名新的工程区,因此该计划得名"曼哈顿计划"。准将莱斯利·R. 格罗夫斯负责管理这项工程,物理学家罗伯特·奥本海默负责指导。这一组科学家(包括恩里科·费密)和工程师进行了高水平、绝密的研究和开发,设计、制造并成功试爆了第一颗原子弹。

🔬 第一颗原子弹爆炸发生在哪里?

1945 年 7 月 16 日,在美国新墨西哥州的阿拉莫戈多,曼哈顿计划检测并引爆了第一颗原子弹。它只是一个研究装置,并不适合作为武器来投放。实际上这是对大规模次临界钚弹的测试,被投放到长崎的原子弹就是钚弹。原子弹第一次用于实战是在广岛。广岛的原子弹是铀弹,使用铀-235 作为装料。它并没有经过检测,也没有人认为它需要检测。它的设计简单到没有人怀疑它的工作性能。

🔬 第一颗用于实战的原子弹威力如何?

在新墨西哥州的原子弹爆炸成功之后,美国政府决定在 1945 年 8 月 6 日向日本广岛投放第一颗作战原子弹,以期结束第二次世界大战与日本的战争。这颗原子弹的绰号为"小男孩"。原子弹中的铀-235 经历核裂变反应,使

1945 年 8 月投放到日本广岛和长崎的两颗原子弹——"小男孩"和"胖子"的发射装置

它具有很强的破坏性。它在城市上空引爆，通过它的爆炸、燃烧和辐射，这颗原子弹造成了大规模破坏。整个城市的 1/3 被毁，13 万人死亡，18 万人无家可归。3 天之后，美国在日本城市长崎投放了第二颗原子弹（被称为"胖子"）。它导致城市的 1/3 被毁，6.6 万人死亡。

有监管全美核能使用的组织或团体吗？

第二次世界大战后不久，为了规划核能的使用，美国原子能委员会成立。委员会在 20 世纪 70 年代中期被废除，监管的任务被移交给了美国核管理委员会。美国核管理委员会负责监管核能的使用和生产的所有方面。在美国，美国核管理委员会就相当于国际上的国际原子能机构。

第 **13** 章
深层理论

大统一理论和万有理论

宇宙中的 4 种基本力是什么?

物理学家认为,有 4 种基本力控制宇宙的运行。第一种力也是最为明显的力是万有引力。它是一切有质量的物体之间存在的吸引力。要真正感觉到万有引力的作用,物体必须处在质量庞大的物体附近,这些物体可以是地球、月球或太阳。第二种力是 2 种力的统一——电磁力(电力和磁力的统一)。詹姆斯·克拉克·麦克斯韦于 1861 年将两个概念结合在一起。电磁力对于光的传播和电磁波谱的补充起到了决定性的作用。第三种力是弱相互作用力,它促成放射性现象。这种比较弱的力基本上是一种接触力,也就是说,当两个粒子相互接触或在邻近的范围里,它们之间有很弱的相互作用力。最后,4 种基本力中最强大的是强相互作用力,它存在于极小的距离内,将质子、中子和其他亚原子粒子固定在核子中。

哪几种力被统一起来了?

1861 年,詹姆斯·克拉克·麦克斯韦将电力和磁力统一成电磁力,之后又过了 100 年左右,人们才证明电磁力和弱相互作用力是一种力。自从 1973 年电磁力和弱相互作用力被统一为弱电相互作用力后,物理学家还没能够统一引力、强相互作用力与弱电相互作用力。统一各种力的努力是为了进一步了解宇宙是如何形成的。

✺ 大统一理论是什么?

许多物理学家都相信自然的基本力曾经是单一的力,之后发展形成了各种力。这一理论被叫作大统一理论。这个理论试图找到现在的力之间的联系。

✺ 关于大统一理论,谢尔登·格拉肖、阿卜杜勒·萨拉姆和史蒂文·温伯格有哪些发现?

1961 年,谢尔登·格拉肖建立理论,将电磁力和弱相互作用力统一成一种力。他尽管没有用实验证明,但认为可以通过发现 W 玻色子和 Z 玻色子来证明这一点。W 玻色子和 Z 玻色子都是传递弱相互作用力的亚原子粒子。阿卜杜勒·萨拉姆和史蒂文·温伯格两人真正将电磁力和弱相互作用力统一为弱电相互作用力,他们并不是通过发现 W 玻色子和 Z 玻色子的方法,而是使用了一种叫作"对称性"的概念,即预测亚原子粒子的不规则行为的方式。1979 年,因为他们在对称性和弱电相互作用力发展方面所做的贡献,这 3 位物理学家获得了诺贝尔物理学奖。

✺ W 玻色子和 Z 玻色子是什么时候被发现的?

虽然谢尔登·格拉肖、阿卜杜勒·萨拉姆和史蒂文·温伯格因为理论上统一了电磁力和弱相互作用力而获得了诺贝尔物理学奖,但是直到 1983 年物理学界才最终发现了 W 玻色子和 Z 玻色子。意大利的物理学家卡洛·鲁比亚在瑞士的欧洲核子研究中心的粒子加速器中发现了 W 玻色子和 Z 玻色子。这证明了弱电相互作用力的存在。卡洛·鲁比亚和同事荷兰物理学家西蒙·范德梅尔共同获得了 1984 年的诺贝尔物理学奖。

✺ 爱因斯坦对万有理论有什么贡献?

阿尔伯特·爱因斯坦对万有理论倾尽心血。他的工作重心在计算和理论上,期望统一引力和电磁力(爱因斯坦当时所知道的两种力)。爱因斯坦没有解决统一的问题,因为在他的有生之年,另外两个力——强相互作用力和弱相互作用力被发现了,这使得统一的问题更为复杂。

大统一理论和万有理论有什么区别？

大统一理论和万有理论都试图解释在宇宙大爆炸之后宇宙的发展变化情况（本章后面部分会介绍关于宇宙大爆炸的讨论）。大统一理论试图统一电磁力、强相互作用力和弱相互作用力。科学家想将这些力统一成一种力，因为它们都为量子力学原理服务。最后还有一种力是引力，到目前为止还没有证实它是否由量子力学控制，而且也很难与其他依赖量子力学的力统一在一起。如果有一天物理学家将引力与大统一理论的三种力统一起来，这种理论就是"万有理论"。这当然是许多科学家的终极目标，一旦实现，这一理论能够解释宇宙初始阶段的状态和发展过程。

弦理论是什么？

弦理论认为所有的粒子实际上都是由弦组成的，该理论成为近些年物理学里最令人激动的领域之一。从 20 世纪 60 年代起就有弦理论，认为粒子是以多维弦的形式存在的。但直到 20 世纪 80 年代人们才真正认真地研究弦理论。如果多维弦真的存在，那么根据一些物理学家和数学家的观点，就能更容易地实现万有理论。然而，对于许多不是科学家的人来说，想要理解在我们现在所知的四维空间以外还有更多的维度有一定的难度。

世界的四维是什么？

一般认为，我们所生活的世界有四维。前三个维度描述了空间，它们分别为 x（长度）、y（宽度）和 z（高度）。比如，单一的维度就像一根绳子，你在一维的世界中只能前后移动。将空间扩展为二维世界，就像是在纸上的图画，在这种二维世界中，你除了前后移动以外，还可以左右移动。如果加入了第三维，你可以离开纸，上下移动。最后，在四维世界里，不能仅用长度、宽度和高度来测量你的位置，还要加入时间。这使我们能记住过去并向未来前进。这就是为什么我们生活在一个四维的世界中，这个世界叫作时空。

还有我们未知的维度吗？

数学家特奥多尔·卡卢察在 20 世纪 20 年代初首次提出了第五维度。爱因斯坦在接受第五维度概念上存在一定的困难，他并没有在他关于大统一的理论中使用这一概念。一些物理学家和数学家认为不仅仅存在四维或五维，世界的维度可能多达十维或十一维。但让我们想象五维世界都是不可能的，因为我们根本无法认识到第五维空间的存在。

宇宙膨胀理论

宇宙学是什么？

宇宙学是物理学和天文学的一个分支，研究的重点是记录宇宙的历史和理解宇宙的未来。

人类始终努力地了解自己所生活的世界。如今我们的世界除了地球以外还扩展到了星际。我们现在使用"宇宙"这一术语来表述我们可以观察和测量的范围。在 20 世纪，宇宙的范围已经超越了拥有超过 1 000 亿颗恒星的银河系，扩展到了太空中相似的星系，扩展到了最大的望远镜所能观测到的最远距离。

宇宙学试图描述宇宙大规模的结构和秩序。就宇宙学的研究目的来说，我们不可能用这一学科去探索行星、恒星或星系的详细结构，它只能描述大范围的宇宙结构并研究宇宙的历史和未来。

谁提出了宇宙膨胀理论？

20 世纪早期，埃德温·哈勃研究了宇宙中不同恒星和星系的大小、距离和运动。他和另一位天文学家将观察的结果总结为宇宙在膨胀的理论。为了支持这个重要的、有争议的观点，他证明了他所观察的大多数星系和恒星在光谱上出现红移（根据多普勒效应，红移意味着物体正在远离地球，蓝移意味着物体正在靠近地球）。这是一个里程碑式的胜利，完全出乎当时人们的想象。就是这至关重要的证据促进了宇宙大爆炸学说的发展。尽管爱因斯坦也能够在他的计算中得出相同的结论，但是非常不幸的是，他由于引入了一个错误的常数而得出了错误的结论。

爱因斯坦一生中"最大的错误"是什么？

阿尔伯特·爱因斯坦一生在科学研究领域只犯了很少的错误，而在犯了其中的一个错误后他曾做了一个自贬的评论，说这是他一生中"最大的错误"，并因此而受到大家的称赞。爱因斯坦以及20世纪早期的很多物理学家都错误地认为宇宙是静止的。爱因斯坦经常依赖数学方程来证明真实情况。但是在有关宇宙的方程中，他引入了一个不该包括在内的常数（被人们称作宇宙学常数）。如果爱因斯坦没有纯粹依赖数学方程而且没有提出这个常数的话，他可能是算出宇宙膨胀的第一人，他也就不会犯这么大的错误了。

宇 宙 大 爆 炸

宇宙大爆炸是什么？

宇宙大爆炸是科学家推测宇宙形成的一种理论，即大约在100亿～200亿年以前，在一次猛烈爆炸后形成了宇宙。在爆炸中形成了最轻的几种元素，这些元素逐渐发展出了如今的宇宙。由于宇宙始于大爆炸，我们目前生活在一个膨胀的宇宙中。宇宙最终的发展模式还不能通过我们目前所拥有的信息来预测。

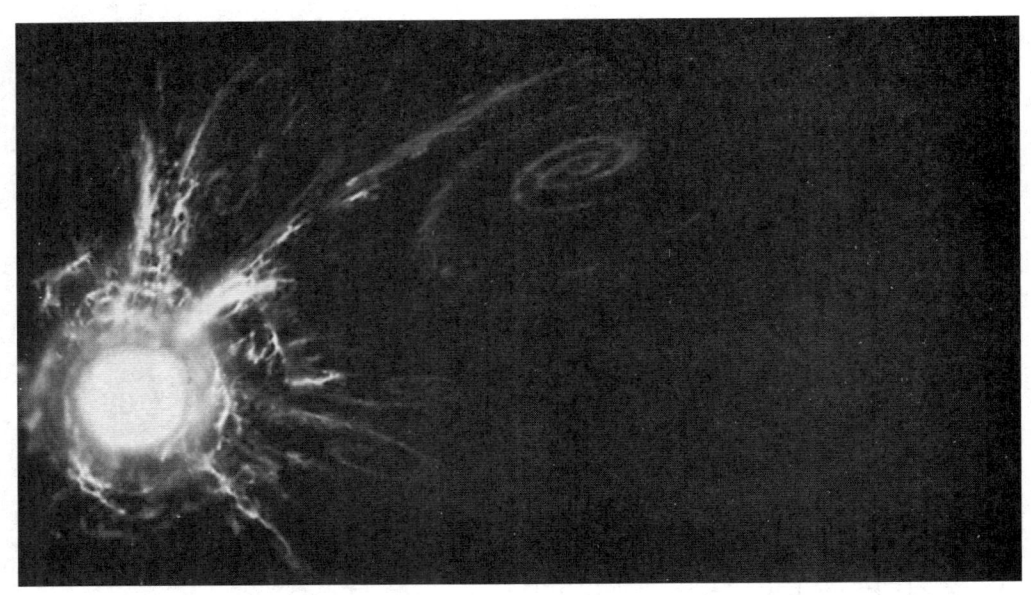

艺术家描绘的宇宙大爆炸之后星系形成的模式。气体形成的螺旋云已经开始冷凝成未来星系的形状。

谁最先提出宇宙始于大爆炸？

1927 年，一个叫作乔治·勒迈特的比利时牧师提出宇宙有一个确切的开始。他认为宇宙始于一个巨大的、被压缩的原子形成的巨大爆炸。勒迈特在比利时的一个期刊上发表了他的想法，但并没有引起大家的重视。直到哈勃开始研究宇宙膨胀理论之后，人们才开始关注这一想法。尽管勒迈特关于宇宙大爆炸的想法与如今我们所知道的这一理论有些偏差，但他的想法是宇宙大爆炸理论的基石。

宇宙背景辐射是如何帮助证明确实发生过宇宙大爆炸的？

1964 年，美国新泽西州贝尔研究实验室的两个科学家偶然收到了来自宇宙各个方向的宇宙辐射的噪声。正是这种宇宙背景噪声让宇宙大爆炸理论有了重大突破。科学家认为这种均匀覆盖全宇宙的辐射是宇宙大爆炸的残余，进而证明了宇宙大爆炸理论的真实性。

斯蒂芬·霍金是谁？

斯蒂芬·霍金是我们这个时代最受尊敬和最著名的科学家之一，他一直顽强地与疾病做斗争。他患有肌萎缩侧索硬化症，这种疾病影响了他的神经系统并使他不断衰弱。他不得不坐在轮椅上并使用语音合成器说话，但这并没有限制他的能力和对科学的渴望，他仍然成为 20 世纪末期最有影响力的科学家之一。霍金的大部分研究是关于宇宙学的。确切地说，霍金进一步证明了黑洞的存在，并在爱因斯坦的相对论和宇宙大爆炸

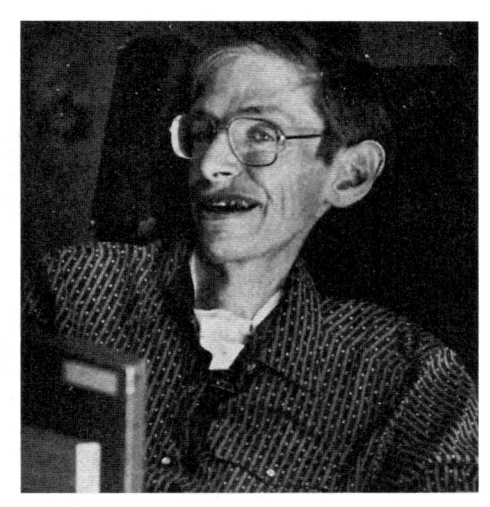

斯蒂芬·霍金

理论之间搭建了桥梁。霍金写了很多著名的关于宇宙的书，包括《时间简史》。

科学家认为宇宙最终的归宿是什么？

关于宇宙的未来有 3 个主要的理论。第一个理论叫作开宇宙理论，认为宇宙正在膨

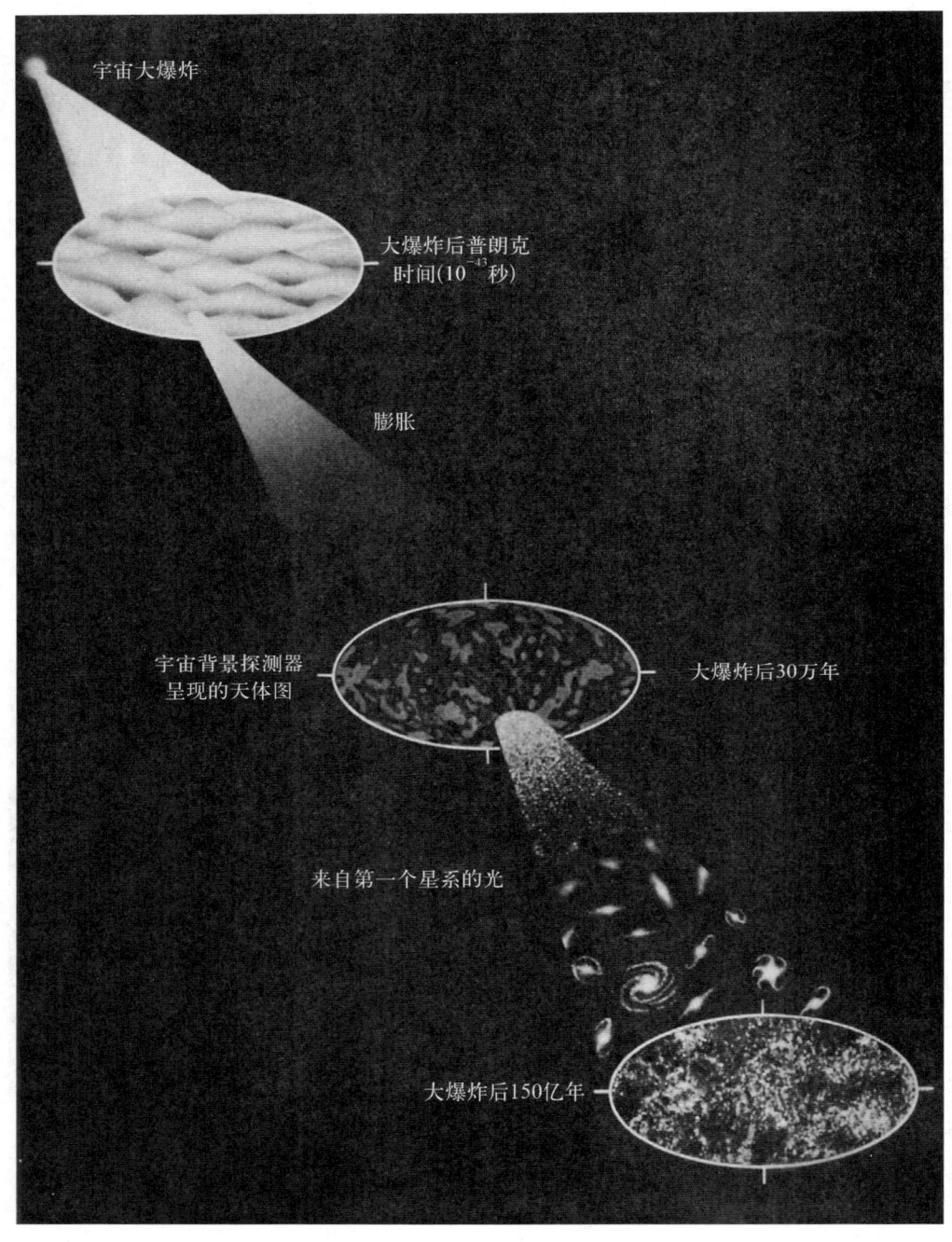

宇宙大爆炸

大爆炸后普朗克时间(10^{-43}秒)

膨胀

宇宙背景探测器呈现的天体图

大爆炸后30万年

来自第一个星系的光

大爆炸后150亿年

此图描述了宇宙发展的至关重要的时间。最上面的椭圆形代表了宇宙大爆炸后极短的时间。中间的椭圆形展示了测量背景辐射的云底亮度图。最下面的椭圆形显示出星系和恒星开始形成。

胀而且仍然会以这个速度膨胀下去。第二个理论叫作闭宇宙理论，是目前较为流行的一种理论，认为宇宙目前正在膨胀，但是这种膨胀最终会结束，整个宇宙会坍缩。一些人认为在宇宙坍缩后，会发生新的宇宙大爆炸。第三个理论是平衡宇宙理论。这个理论认为宇宙不会永远以现在的速度膨胀下去，但也不会坍缩。持这种理论的人认为宇宙的膨胀速度会减慢，无限趋近于零。

中微子和宇宙学

参见"现代物理"一章。

中微子是什么？

中微子是宇宙大爆炸、超新星爆发、恒星轻核反应等放射出的微小的、不易察觉的亚原子粒子。直到最近，人们除了知道有大量的中微子存在以外，对中微子其他方面的了解并不多。在宇宙中，中微子的数量是组成原子的普通粒子的10亿多倍。

1930年，人们首次提出了中微子的存在，但直到1956年，人们才在实验中发现了中微子。在组成物质的12种基本亚原子粒子中，中微子是最奇特、最难以理解的。与夸克相同，中微子也有不同的味（味是粒子的种类），用来区分不同的类型。中微子的味分别是电中微子、μ中微子和τ中微子。人们难以理解中微子的原因是它们很难被观察到。事实上，物理学家认为，每秒有数万亿个中微子穿过人的身体，而且宇宙中中微子的数量多达500亿。然而，因为它们过于微小并且不带电，所以到目前为止物理学家研究起来仍有极大的难度。

在中微子的观测方面有哪些重要的突破？

理论物理学家探讨过中微子具有质量的可能性，以及它们的质量对宇宙的影响。由于宇宙中有如此之多的中微子，知道这种粒子的质量（如果它们有质量的话）是非常重要的，但这个问题似乎是一块绊脚石。直到1998年6月，事情才有了转机。根据位于地面下1 000米的日本实验室里的物理学家的研究，中微子能够振荡、改变味，因此根据量子物理学，中微子是有质量的。

哪个探测器发现中微子是有质量的?

物理学家在超级神冈探测器中发现了中微子有质量。超级神冈探测器是盛有5万吨超纯水的不锈钢容器,位于日本一座矿山山脚下,深达1 000米。该探测器平均每1.5小时捕到1个大气中的中微子,中微子的相互作用会产生微弱的闪光,这种闪光被1.3万个光电探测器记录下来。容器被深埋在地下是为了消除宇宙射线和其他粒子的干扰。东京大学宇宙射线研究所赞助了这项研究1亿美元,有8所日本大学和6所美国大学提供赞助或与之协作。

中微子的质量对宇宙有什么意义?

中微子质量的发现使全世界的物理学家开始了新的研究,他们试图回答新的宇宙问题。宇宙中所有的星体等物质只占宇宙质量的10%,那中微子在剩下的90%中占有多少比重?这对于宇宙有怎样的影响?许多人认为,既然中微子有质量,那么它们也应该具有万有引力,彼此之间也会相互吸引。也许在几十亿年之后,宇宙将停止膨胀,因为中微子之间的引力而收缩。这只是理论,随着时间的推移,物理学家将会给出更多的答案和更多的理论,也会提出更多的问题。

相 对 论

相对论是什么?

阿尔伯特·爱因斯坦的相对论包括两个重要的部分:狭义相对论和广义相对论。狭义相对论探讨了当以接近光速的速度行进时会出现的现象,该理论适用于以恒定速度行进时的坐标系(惯性坐标系)。广义相对论适用于加速时的坐标系(非惯性坐标系),阐释在强重力场发生的现象。广义相对论还用空间曲率来解释引力。

▌阿尔伯特·爱因斯坦

狭 义 相 对 论

狭义相对论是什么？

狭义相对论是爱因斯坦相对论的第一个理论。人们都知道速度不是恒定的，因为运动与人的视角是相关联的。然而，爱因斯坦表示，无论观察者的速度有多快，光在真空中的速度总是 3×10^8 米／秒。在这个理论中，爱因斯坦还描述了运动是如何影响时间的，并且用公式 $E = mc^2$ 来解释质量和能量之间的关系。

爱因斯坦以前的科学家也试图计算高速运动物体的场，但只有爱因斯坦通过一系列基本的假设得出了正确结论，其中一个假设是光速是速度的上限，光的速度与观察者的速度无关。这个理论在当时没有实验证据，在物理学界曾被视为异端。狭义相对论之所以"狭义"是因为爱因斯坦只考虑了物体速度恒定的情况，加速度是在之后的"广义相对论"中讨论的。

时间膨胀是什么？

时间膨胀在爱因斯坦的相对论中有重要地位。它是指如果一个人能以光速前行，那么时间将停止。由于没有人可以真正达到这么快的速度，这个规则可以被解释为：人行进的速度越快，时间流逝得越慢。高速飞行的喷气式飞机以长时间飞行证明了狭义相对论的时间膨胀。使用极其精确的原子钟，物理学家确实发现了在快速飞行的飞机上时间流逝得更慢。这种时间的减慢并不会被人轻易察觉，除非运动的物体获得接近光速的速度。比如说，根据爱因斯坦的公式，如果有人达到了光速的 1/10（如今是不可能的），时间将减慢 0.5%。如今最快的太空船会把时间减慢一万亿分之二。除非我们达到或接近光的速度，否则时间减慢是人意识不到的。

双生子佯谬是什么？

双生子佯谬是一个试图阐明时间膨胀效应的例子。爱因斯坦阐述道：如果双胞胎之一乘坐太空船并接近了光速，那么对于他来说，时间就会减慢。然而对于地球上双胞胎中的另一个人来说，时间却不变。这两个人都会觉得时间以正常的速度流逝，但当乘坐太空船航行的那个人回到地球上以后，会发现对于他来说只经历了几个月的时间，地球上的那个人却已经变老，头发变白。

广义相对论是什么？

爱因斯坦的狭义相对论让人印象深刻，但是广义相对论更让人震惊。事实上，爱因斯坦的广义相对论实在太"深奥"，以至于当时世界上可能只有几十个人能真正理解这个理论。

狭义相对论解释了运动和时间的关系，广义相对论论述的是质量和运动的关系。根据广义相对论，物体速度越快，时间对这个物体来说流逝得越慢，物体的质量也就越大。

广义相对论还阐述了质量大的物体（具有更大的万有引力）更能使空间变形和弯曲。爱因斯坦预测使空间发生很大形变的质量大的物体可以使光弯曲。他的理论被1919年发生的日食所证明，爱因斯坦因此获得了声誉和名望。

爱因斯坦环是什么？

阿尔伯特·爱因斯坦的广义相对论认为像恒星或者星系这种质量大的物体使周围的时空弯曲，光线在接近该物体时也会弯曲。他的理论最初被1919年发生的日食所证实，人们观测到了本应被太阳挡住的星星，因为太阳的质量扭曲了星光，让星星的视觉位置发生偏移。

最近，爱因斯坦的另一个关于弯曲时空的理论被证实。这个不太著名的理论所造成的现象被称作"爱因斯坦环"，是宇宙弯曲了光的路径所形成的。该理论认为我们可以看到被大质量天体挡住的恒星，这些恒星在我们视觉中形成一个光环。如果对爱因斯坦的理论不熟悉，人们就会认为大质量天体阻挡了后面的恒星。但是根据爱因斯坦的理论，远处的恒星的光被扭曲，在天体周围形成一圈模糊的图像。

💥 有人看见过爱因斯坦环吗？

　　一些天文学家声称他们发现了不完整的爱因斯坦环。不完整的爱因斯坦环意味着远处恒星在遮挡的天体周围形成的图像是弧形，而不是完整的圆周。天文学家在 1979 年首次发现了这一现象，他们认为因为遥远的天体、行星和地球并不完全成直线排列，所以形成的图像是弧形。自从 1979 年以来，人们又发现了几十个不完整的爱因斯坦环。1998 年 3 月，天文学家有了一个惊人的发现。在英国无线电望远镜和美国的哈勃空间望远镜的帮助下，英国和美国的天文学家最终观察到了第一个完整的爱因斯坦环。这个发现证明了爱因斯坦多年前提出的理论是正确的。

黑　洞

💥 黑洞是什么？

　　斯蒂芬·霍金在黑洞领域获得了重大发现和突破。他的理论来自爱因斯坦的理论。黑洞是具有强大引力场的巨大的物体，它可以使周围的时空发生弯曲变形。如果恒星、行星甚至光距离黑洞很近的话，黑洞周围严重弯曲变形的空间将使天体或光被卷入黑洞中，就像水槽里的水流入排水孔一样。将爱因斯坦的相对论与量子物理相结合（这两个理论曾一度被认为是相互矛盾的），霍金向人们展示了黑洞的逃逸速度（一个物体摆脱巨大物体的引力所需要的速度）必须超过光速，然而，由于所有物体的速度都不会超过光速，包括光本身，因此没有物体能逃离黑洞。

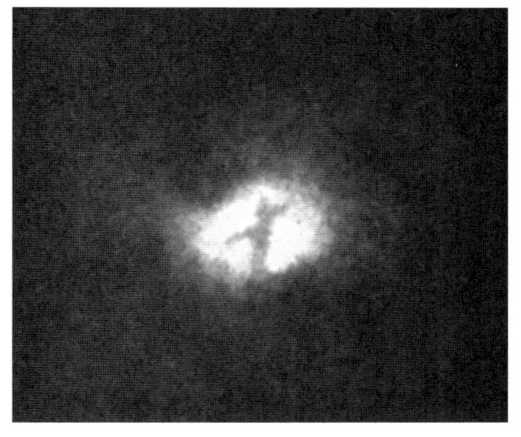

这幅图展示了旋涡星系的核心，人们认为巨大的尘埃和气体环（中心 X 形的黑线）包围和隐藏了一个巨大的黑洞，这个黑洞的质量是太阳质量的 100 万倍。